ISBN: 9781076597342

Educación

y

Neurociencia

Tratados, análisis, neuroaula y ejercicios

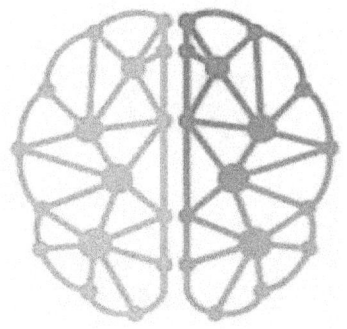

Miguel D'Addario · PhD

Primera edición

Comunidad Europea

2019

Índice

Acerca del autor

Miguel D'Addario es italiano. Licenciado en Periodismo, Máster en Sociología y Doctorado en Comunicación Social por la Universidad Complutense de Madrid. Ha desarrollado su experiencia en diversos campos de la docencia, desde la Formación Profesional hasta el nivel Universitario, tanto en Iberoamérica como en Europa. Sus libros se encuentran en diferentes centros de estudios y bibliotecas del mundo, como por ejemplo la Universidad San Pablo de Perú, Universidad de Santo Domingo la República Dominicana, Universidad de San Gregorio de Ecuador, Universitat de Valencia, Biblioteca Nacional de España, Biblioteca Nacional de Argentina, Universidad de Texas, Universidad Complutense de Madrid, Universidad de Toronto, Canadá, Universidad de Deusto, Universidad Nacional Autónoma de México, Universidad Nacional Mayor de San Marcos (Perú), Universidad de Illinois, Universidad de Kansas, Bibliotecas de la Comunidad de Madrid, Castilla y león, Andalucía, y País Vasco, Biblioteca Nacional Británica, Universidad de Harvard,

Biblioteca del Congreso de los Estados Unidos. PhD y ensayista, ha recibido premios y menciones de Asociaciones de escritores, Centros Culturales, Universidades, y sedes afines. Igualmente, como Ponente, Conferenciante e Investigador, en Universidades, Centros educacionales, públicos y privados. Autor de libros artísticos: Poesía, Cuento y Relatos. Autor de libros educativos, de variados niveles y temarios. Autor de libros de filosofía, ontología y metafísica. Autor de libros de Autoayuda y Coaching. Sus libros están distribuidos en los cinco Continentes, son de consulta asidua en Bibliotecas del mundo, y se encuentran inscritos en los catálogos, ISBNs y bases bibliográficas Internacionales. Son traducidos a múltiples idiomas y pueden encontrarse en los bookstores internacionales, tanto en formato papel como en versión electrónica.

Webs donde conocer y/o adquirir otras obras del autor:

http://migueldaddariobooks.blogspot.com

Introducción

Concepto y origen

Hasta hace unas décadas poco se sabía del funcionamiento del cerebro. Los avances técnicos, científicos y médicos han permitido que en la actualidad podamos conocer y manera más profunda la actividad cerebral. Comprender el funcionamiento del cerebro tiene implicaciones mucho más allá de la medicina pues es responsable de nuestras decisiones, comportamiento y manera de aprender. Como señala el profesor de genética de la Universidad de Barcelona, David Bueno, "se ha abierto una nueva etapa para entender cómo funcionamos y aplicar ese conocimiento a áreas tan diversas como la economía, la cultura y educación".

La neuroeducación es la aplicación de la neurociencia a la educación. El conocimiento del cerebro está contribuyendo a conocer cómo aprendemos. Se sabe desde hace años, que el aprendizaje provoca cambios cerebrales. La neurociencia ha hecho que las tradicionales explicaciones psicológicas pasen a un

segundo plano, y en ocasiones son desterradas por su escasa base científica.

Aunque no existe una definición concreta, se escucha cada vez más el término neuroeducación. En los últimos años ha aumentado el número de educadores y científicos interesados en estudiar cómo funciona el cerebro en el proceso de enseñanza-aprendizaje, y en aplicar en la educación los hallazgos que la ciencia aporta sobre el cerebro. Para Mora, neuroeducación es una nueva visión de la enseñanza basada en el cerebro. Aunque muy simple, esta definición recoge la esencia del concepto. Puede situarse también, la neurodidáctica como una nueva área dentro de la neurociencia que estudia el desarrollo cerebral y su funcionamiento, con el fin último de mejorar y adaptar la manera en que el maestro enseña, y conocer cómo el cerebro del alumno aprende para poder permitir esa adaptación. Las herramientas y las técnicas que aporta la neurociencia ofrecen la oportunidad de profundizar en el proceso del aprendizaje, permitiendo un conocimiento objetivo no sólo de cómo se aprende y cómo ha desenseñarse, sino de los diversos trastornos del aprendizaje; esto es clave no sólo para

intervenir en su recuperación de forma eficaz, sino también para ayudar a la prevención de estos, e integrar los nuevos conocimientos en la educación en general.

Del origen de la neuroeducación a nuestros días

La mayor parte de la bibliografía sobre el tema sitúa el origen de la neuroeducación a finales de la década de los 80 del ya pasado siglo XX. El nacimiento de la aplicación de la neurociencia a la educación es una consecuencia lógica si se tiene en cuenta que desde principios de la década de los 90 tuvo lugar en los países desarrollados, un creciente interés por conocer el cerebro, posibilitado por el avance científico; así, a los años 90 del pasado siglo se la conoce como "la Década del Cerebro". Para el neurólogo Richard Restak (2005) esta década fue el principio del "Siglo del Cerebro", en el que ya es posible gracias a las avanzadas técnicas actuales de neuroimagen, conocer la anatomía y el funcionamiento del cerebro mientras toma decisiones y trabaja.

Si consideramos la neuroeducación como parte de la neurociencia, puede considerarse esta como antecesora de la neuroeducación. Centrándonos en la neurodidáctica, término empleado como sinónimo de neuroeducación, hemos de remontarnos a 1988. El catedrático de didáctica de la Universidad de Friburgo, Gerhard Preiss, pensaba que la pedagogía escolar y la didáctica deben estructurarse en torno al hecho de que el aprendizaje era un producto de diferentes y complejos procesos cerebrales, y por tanto la enseñanza debía avanzar de manera paralela al desarrollo del cerebro infantil. De esta manera, propuso la creación de una asignatura que vinculase la investigación neurológica junto a la pedagogía, naciendo así la llamada neurodidáctica. Una de las demandas más importantes de Preiss ha sido la necesidad de que los neurólogos ayuden a los profesores y pedagogos a desarrollar mejores estrategias didácticas (señalar que en la actualidad y debido al creciente interés en la neurociencia, hay en el mercado hoy en día, gran cantidad de cursos, libros, conferencias etc. Sobre neuroeducación ofrecidos por individuos sin base científica y de dudoso conocimiento y formación en neurología y medicina...). Hoy en día, el concepto de neuroeducación se ha ido definiendo, y en la actualidad podemos describirla como una disciplina de carácter multidisciplinar, que nace de la interacción entre tres ámbitos de conocimiento la neurociencia, la psicología y la educación. Su objetivo principal es integrar los conocimientos sobre el funcionamiento y el desarrollo cerebral en el ámbito educativo, con el objetivo de a mejorar la práctica pedagógica y docente.

Del ámbito de la neurociencia, la neuroeducación toma los conocimientos sobre cómo funciona el cerebro, las bases biológicas básicas que hacen que los programas y acciones educativas se diseñen de manera más adecuada y eficiente.

Del campo de la psicología, la neuroeducación toma las teorías sobre el funcionamiento de la cognición y de la conducta, las cuales son examinadas a la luz de la ciencia para demostrar su validez y para desterrarlas de la práctica docente por su inutilidad.

Del escenario de la educación, la neuroeducación se centra en las teorías y las prácticas pedagógicas que explican el funcionamiento de los procesos de enseñanza-aprendizaje.

De las sinergias entre estas tres disciplinas, surge la neuroeducación, para intentar integrar todos estos conocimientos con el objetivo de mejorar la práctica de aula.

Neurociencia en la educación

Cada vez hay más conciencia del importante papel de la neuroeducación en el proceso de enseñanza. Se habla ya de necesidad de llevar los conocimientos de la neurociencia a las aulas para mejorar el modo en que se enseña y comprender el cómo se aprende (Mora, 2013).

El ser humano de entre todos los mamíferos, el que nace con un cerebro más inmaduro. Este hecho, junto al que es la especie humana la que más desarrollo cerebral tiene a lo largo de su vida, lleva a que el periodo de formación básico del cerebro sea muy largo en comparación con otras especias, incluidos los primates. La inmadurez del cerebro se traduce en una infancia prolongada, de modo que durante muchos años las crías humanas dependen de los adultos para sobrevivir. Esta circunstancia, que podría a priori parecer un inconveniente para la supervivencia como especie, ha facilitado, sin embargo, un elevado grado de plasticidad cerebral, así como una capacidad de aprendizaje incomparable a la de cualquier otra especie.

Y la educación es un factor clave en el desarrollo cerebral.

La maduración cerebral tiene lugar durante de toda la infancia, la adolescencia y parte de la primera etapa de la edad adulta. Los procesos madurativos se dan de forma progresiva en diferentes partes del cerebro; maduran primero las áreas sensoriales y motrices que permiten al niño entrar en contacto con el mundo; luego acaban de madurar áreas como la corteza prefrontal, que permiten la aparición de las funciones cognitivas de más alto nivel.

Ante esto, el interés de la neuroeducación fue creciendo en Estados Unidos, donde se implantó con fuerza, para de allí llegar a Europa. Prueba del incremento del interés y la preocupación por la neurodidáctica, es la creación de instituciones, como el Centro de Neurociencia para la Educación de la Universidad de Cambridge, el Center for International Studies and Research de París. En Estados Unidos, destacan los diferentes proyectos de investigación en neuroeducación de la Universidad Johns Hopkins o el Programa Neuroscience & Education de la Universidad de Columbia. Es cierto, sin embargo, que existen diversos problemas que hacen que no sea fácil el proceso de colaboración entre disciplinas educativas y científico-médica.

La principal dificultad es traspasar los conocimientos de la neurociencia al mundo educativo por la dificultad del lenguaje científico y la carencia de conocimientos por el profesorado general (Mora, 2013).

Ante estos conflictos, se han planteado sugerencias encaminadas a buscar la integración de la neurociencia cognitiva y la educación (Goswami, 2004 y Ansari y Coch, 2006). Estos autores hablan de establecer mecanismos que faciliten la integración de ambas disciplinas; entre estas medidas destaca la capacitación docente (la llamada alfabetización científica), como paso necesario para que los hallazgos de la ciencia tengan utilidad real.

Comprender el desarrollo cerebral de los estudiantes y adaptar el proceso de enseñanza a los descubrimientos sobre el desarrollo cerebral, pasa por que los docentes comprendan cómo funciona el sistema nervioso.

Por otro lado, se habla también de la necesaria formación de los neurocientíficos en la comprensión de los procesos y prácticas educativas, pues los hallazgos de sus investigaciones tienen utilidad más allá del laboratorio.

Partes cerebrales básicas

El sistema nervioso se divide en dos grandes partes: sistema nervioso central y periférico. El sistema nervioso periférico está compuesto por una enorme red de nervios, que pueden ser aferentes (llevan información al sistema nervioso central) y eferentes (sacan información del sistema nervioso central). Estos nervios llevan y traen información de todas las estructuras del cuerpo como los músculos, los huesos o las vísceras. El sistema nervioso periférico tiene menos interés que el central para un curso de neuroeducación. El sistema nervioso central está dividido en dos estructuras: encéfalo y médula. La médula es la encargada de llevar toda la información del cuerpo hacia el cerebro y viceversa, mientras que el encéfalo es el encargado de tomar las decisiones y de coordinar a todo el organismo.

El encéfalo a su vez está dividido en tres estructuras: cerebro, tallo cerebral (dividido a su vez en mesencéfalo, puente y bulbo raquídeo) y cerebelo, estos dos últimos más orientados a procesos automáticos. El cerebro está dividido en dos hemisferios. La estructura externa de los hemisferios se denomina corteza cerebral. Cada hemisferio cerebral se divide, a través de distintos pliegues en cuatro lóbulos:

Lóbulo frontal: localizado en la región anterior, se ocupa de las funciones más complejas, como el pensamiento o el aprendizaje.

Lóbulo parietal: funciones de movimiento, orientación, cálculo y reconocimiento.

Lóbulo temporal: en la parte inferior del cerebro y se relaciona el habla y de la compresión de las palabras.

Lóbulo occipital: en la parte posterior y se encarga del reconocimiento visual.

El encéfalo se divide en tres regiones: el cerebro, el tallo cerebral y el cerebelo. Las células del sistema nervioso son las neuronas, especializadas en transmitir información y formar redes. Visto desde una óptica simplificada, las neuronas estarían activas o no, y se comunican con otras neuronas mediante unas estructuras denominadas sinapsis.

El número aproximado de neuronas es de cien mil millones (100.000.000.000) y cada una se comunica con unas 10.000 neuronas existiendo mil billones de sinapsis (1.000.000.000.000.000). Gran parte de los procesos mentales son subconscientes.

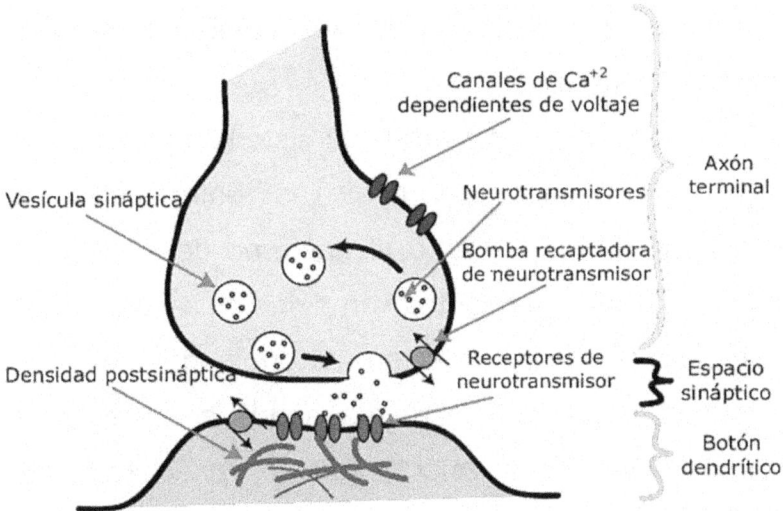

Las sinapsis son las estructuras que utilizan las neuronas para comunicarse y, lo forman una neurona presináptica, un espacio y una neurona postsináptica. Cuando la presináptica se activa libera unas sustancias denominadas neurotransmisores que viajan por el espacio entre neuronas, para llegar a la neurona postsináptica.

Las sustancias utilizadas como neurotransmisoras son varias y entre las más importantes destacan la dopamina, la acetilcolina, la noradrenalina, el glutamato.

Cada neurotransmisor es utilizado por un grupo de neuronas y cada red neuronal está implicada en determinados procesos cerebrales como la movilidad, la visión, el apetito.

El exceso o el defecto de estos sistemas pueden dar lugar a enfermedades como la enfermedad de Parkinson, el Alzheimer o el trastorno del control de impulsos. Los tratamientos van dirigidos a aumentar o disminuir la transmisión en determinadas sinapsis mediante fármacos. La manía aguda se caracteriza por un estado de humor patológico asociado a un aumento del apetito por el riesgo. Afecta al sistema de recompensa cerebral. Los tratamientos bloquean las neuronas dopaminérgicas postsinápticas. Algunos tipos de depresión melancólica se caracterizan por un descenso de la actividad de la dopamina en el sistema de recompensa, con síntomas como la dificultad para experimentar el placer, la somnolencia y una aversión al riesgo.

-La Ludopatía. Aunque se desconocen los mecanismos exactos, se ha comprobado hipoactividad en los circuitos de recompensa. Uno de los tratamientos es reducir la liberación de dopamina en el núcleo accumbens; se deja de buscar estimulación del sistema de recompensa en el juego se deja de encontrar placer en esos actos.

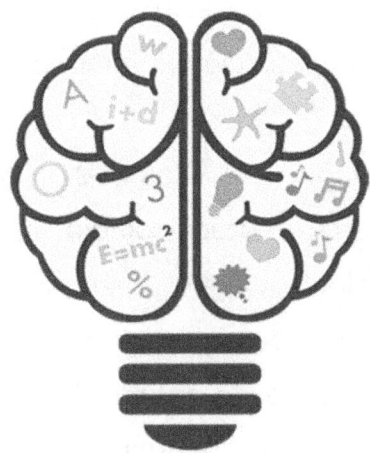

Inteligencia Emocional y aprendizaje

Neuropsicología

La neuropsicología del desarrollo infantil es la especialidad que, dentro de la psicología, tiene por objeto de estudio la relación existente entre el proceso madurativo del sistema nervioso central y la conducta del niño, es decir, la conducta durante la infancia; considera variables como la plasticidad cerebral, la maduración, el desarrollo en las primeras etapas de la vida, así como sus correspondientes trastornos, a fin de diseñar estrategias de intervención y evaluación adecuados a la población infantil (Cuervo y Ávila, 2010).

La Neuropsicología del Desarrollo, más conocida simplemente como neuropsicología, es una rama de la neuropsicología, que se centra en el funcionamiento del cerebro de la población infantil, teniendo como objeto de estudio la relación entre el cerebro, cognición y conducta. Por su parte, la neuropsicología es aquella parte de la psicología que se encarga del estudio de las relaciones entre las funciones superiores y las estructuras cerebrales.

Entre los principales problemas que conllevan problemas neuropsicológicos en niños, destacan las complicaciones pre o perinatales, los tumores cerebrales, los traumatismos craneoencefálicos, la epilepsia, el nacimiento prematuro o con bajo peso, epilepsia, el trastorno por déficit de atención, entre un largo etc. La neuropsicología del desarrollo se ha consolidado en las últimas décadas y en el área de la salud mental infantil, sus aportes junto a los aportes de la neuropsicología infantil han sido decisivos para la mejor de trastornos como el autismo, el síndrome de asperger o el síndrome de Rett. Como explica Zuluaga (2001), los trastornos del neurodesarrollo son lesiones cerebrales, expresadas como trastornos neuropsiquiátricos, con origen en los períodos del desarrollo intrauterino y el período sensitivo posparto.

Existen dos grandes clasificaciones que en la práctica se siguen para dividir la neuropsicología infantil: la básica y la clínica. La neuropsicología básica se centra en la investigación, la descripción y la categorización del desarrollo cerebral y nervioso, así como del funcionamiento de las funciones mentales superiores (funciones motoras y ejecutivas. La memoria lenguaje, atención, cálculo, y conducta emocional). Por su parte, la neuropsicología clínica se centra en el estudio y tratamiento de las patologías infantiles derivadas de un por daño cerebral, adquirido o no, y de sus efectos en los procesos cognitivos y conductuales. Para llevar a cabo el ejercicio de la neuropsicología clínica, es necesario un diagnóstico claro y preciso sobre el problema. Para ello, la Neuropsicología Infantil establece pruebas neuropsicológicas diagnósticas con las que evaluar el perfil neuropsicológico del niño, a el fin de determinar la existencia de deterioro cognitivo, el grado, y tratar de mejorarlo o frenar el daño. Se pretende así diseñar así la terapia más adecuada que sirva para la rehabilitación cognitiva del afectado. Sus instrumentos de evaluación son hoy utilizados en la evaluación y el diagnóstico de diferentes tipos de alteraciones, tanto psicomotoras, como del lenguaje o cognitivas. En importante señalar la importancia del diagnóstico neuropsicológico; una de las líneas de investigación actualmente más activas dentro de la neuropsicología es precisamente la creación y adaptación de pruebas neuropsicológicas infantiles. Pero una vez detectado, no sólo el trabajo ha de hacerse desde la neuropsicología, sino que los trastornos propios de este campo requieren el trabajo coordinado de un gran número de profesionales. El motivo de esto es que las alteraciones neurocognitivas conllevan afectación de diversas áreas, lo que requiere un trabajo interdisciplinar (neuropediatras, psiquiatras, psicólogos, fisioterapeutas...). Todo el interés de la neuropsicología por los niños y los adolescentes no es casual. El cerebro es un órgano con mucha plasticidad, capaz de adaptarse continuamente al medio, reorganizarse estableciendo nuevos sistemas funcionales. La plasticidad cerebral es mayor durante la infancia y la adolescencia.

Evaluación neuropsicológica e intervención
La evaluación neuropsicológica infantil es un proceso integral y multidisciplinar, dirigido por un profesional con formación neuropsicológica, que tiene como objetivo la detección de problemas de carácter cerebral, para lograr una intervención temprana que disminuya las secuelas, emita un pronóstico y mejore la evolución de las alteraciones neuropsicológicas, en

el desarrollo y en la infancia. Para Batlle, Tomás y Bielsa (2000), la evaluación neuropsicológica estudia las relaciones entre el cerebro y la conducta, entre los procesos cognitivos y la función cerebral. Es básico para determinar si un niño tiene problemas en su neurodesarrollo, conocer previamente la organización y el desarrollo normal del sistema nervioso central infantil; el conocimiento del desarrollo del sistema nervioso en sus diferentes etapas sería pues la base para la prevención y detección de trastornos (Chávez, 2003). Cada vez más, dentro de la exploración del proceso de madurez, la madurez neuropsicológica es un aspecto importante por evaluar junto a factores de desarrollo físico (salud, talla, peso...), y a factores socioculturales, familiares o escolares. La evaluación neuropsicológica infantil es un sistema integral y multidisciplinar, dirigido por un profesional con formación neuropsicológica, que tiene como objetivo la detección de problemas de carácter cerebral, para lograr una intervención temprana que disminuya las secuelas, emita un pronóstico y mejore la evolución de las alteraciones neuropsicológicas, en el desarrollo y en la infancia. Para llevar a cabo un diagnóstico adecuado sobre si un niño o adolescente necesita trabajar con un neuropsicólogo, estos aplican una serie de técnicas que lo determinan. En un primer momento, el neuropsicólogo realizará una historia detallada del caso, basándose en ciertos cuestionarios cognitivos y conductuales, adecuados a cada caso. Estas pruebas suelen desarrollarse en más de una sesión y una vez los resultados hayan sido analizados, el neuropsicólogo se reunirá nuevamente con el interesado para comentarlos. participará en la discusión. Tras esto, el especialista podría sugerir diferentes formas de abordar o tratar el problema, en muchos casos apoyado por la opinión de expertos en diferentes áreas (logopeda, neurólogo, terapeuta ocupacional...). En estos casos el entorno escolar tiene un papel muy importante pues un gran peso del tratamiento de estos problemas ha de venir de la escuela o realizarse en ese espacio. Sin embargo, la vida personal y las experiencias de cada niño en la infancia pueden ser las causas de los problemas neuropsicológicos. Investigaciones, como las de Weber y Reynolds (2004), señalan la influencia de factores ambientales en el desarrollo cerebral, encontrando importantes correlaciones entre la plasticidad cerebral y eventos traumáticos ocurridos durante la infancia. La valoración del neurodesarrollo infantil no es igual a la del adulto (Capilla, Romero, Maeztu, González y Ortiz, 2003) aunque ambas comparten objetivos, objeto de estudio (desarrollo de las funciones cognitivas con relación a la maduración) y ambas se apoyan en la neurología y las técnicas de neuroimagen. Sin embargo, la neuropsicología infantil se centra en la maduración cerebral desde el nacimiento a la adolescencia. En esta línea, Rains (2003) a partir del estudio de las diferencias entre el desarrollo cerebral (cerebro infantil) y el cerebro maduro, estudió las alteraciones que se pueden producir en el desarrollo normal. Según el autor, las alteraciones en el sistema nervioso pre, peri y posnatales, en la mayoría de los casos, producen trastornos neuropsicológicos en la infancia. Investigaciones, como las de Weber y Reynolds (2004), apuntan a la influencia de factores ambientales en el desarrollo cerebral y realizan estudios correlaciónales entre plasticidad cerebral y eventos traumáticos durante la infancia. La importancia del diagnóstico recae en que, si los trastornos no son detectados de manera temprana, aumentan la dificultad de mejora, la severidad de las secuelas y la intensidad de sus manifestadas conductuales y cognitivas. Para acabar con este concepto, cabe citar que la neuropsicología del desarrollo implica (Mustard (2003), Portellano (2005), y Cuervo (2009); las siguientes demandas:

-Implementar estrategias para la detección temprana de niños con riesgos biológicos (desnutrición, traumatismos...) y sociales (violencia, maltrato...), a fin de poder llevar a cabo una intervención temprana pata minimizar las secuelas neuropsicológicas cognitivas y conductuales.

-Diseñar instrumentos y procesos de detección y atención de los con trastornos neuropsicológicos lo más tempranamente posible, para responder a sus carencias y retrasos en desarrollo cognitivo o/y social.

-Implicación familiar en la intervención en la primera infancia, (los primeros 6 años de vida). Coordinación con los centros educativos.

Neuropsicología

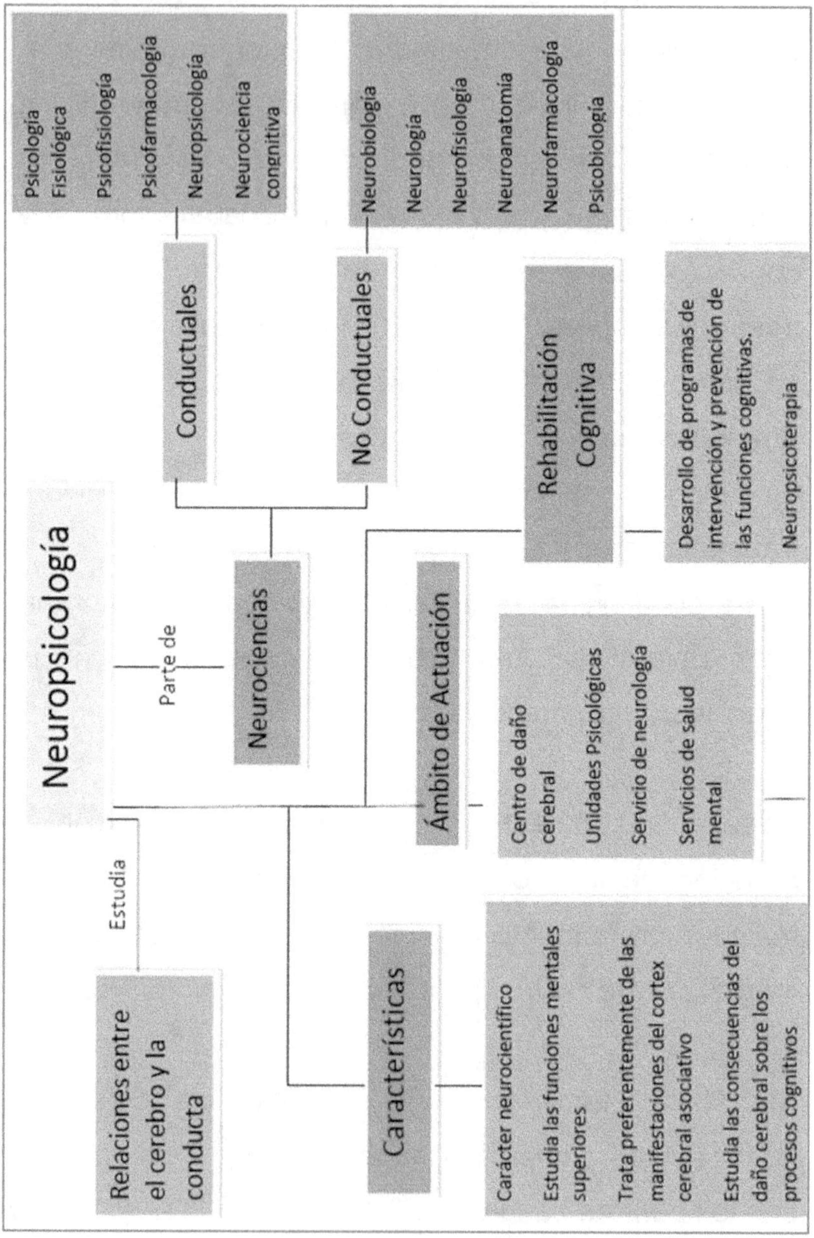

Estudia → Relaciones entre el cerebro y la conducta

Parte de → Neurociencias

Conductuales
- Psicología Fisiológica
- Psicofisiología
- Psicofarmacología
- Neuropsicología
- Neurociencia cognnitiva

No Conductuales
- Neurobiología
- Neurología
- Neurofisiología
- Neuroanatomía
- Neurofarmacología
- Psicobiología

Rehabilitación Cognitiva
- Desarrollo de programas de intervención y prevención de las funciones cognitivas.
- Neuropsicoterapia

Ámbito de Actuación
- Centro de daño cerebral
- Unidades Psicológicas
- Servicio de neurología
- Servicios de salud mental

Características
- Carácter neurocientífico
- Estudia las funciones mentales superiores
- Trata preferentemente de las manifestaciones del cortex cerebral asociativo
- Estudia las consecuencias del daño cerebral sobre los procesos cognitivos

Mitos del cerebro y la educación

Los avances de la ciencia han servido para desterrar algunas creencias que se tenían por incuestionables; las investigaciones neurocientíficas han servido para justificar algunas prácticas o métodos, mientras otras se han demostrado ineficaces y sin justificación.

En educación, investigaciones neurocientíficas han servido para comprender cómo aprende el cerebro, aunque ha sido fuente de confusión por la falta de formación científica de los encargados de la transmisión de estos conocimientos hacia la educación.

Son comunes los errores de interpretación de los hallazgos científicos, lo que ha generado lo que se conoce por neuromitos.

El proyecto Brain and Learning de la Organización para la Cooperación y el Desarrollo Económicos (OCDE, 2002) analizó conceptos y creencias erróneas sobre el cerebro que circulaban en contextos ajenos a la comunidad científica; este proyecto definió los neuromitos como "una concepción errónea generada por un malentendido, una mala interpretación o una cita equivocada de datos científicamente establecidos para justificar el uso de la investigación cerebral en la educación y otros contextos".

Un estudio (Dekker, 2012) analizó los conocimientos generales sobre el cerebro y la existencia de neuromitos entre 242 profesores de primaria y secundaria del Reino Unido y Holanda interesados en aplicación de la neurociencia en el aula.

A la muestra se le plantearon 32 cuestiones sobre el cerebro y el aprendizaje, que debían calificar como ciertas o falsas; 15 de ellas eran neuromitos. Los resultados mostraron que la mitad de los neuromitos presentados eran tomados por ciertos (51%).

Otro dato interesante que reflejó el estudio es que, aunque en las cuestiones generales obtenían mejores resultados los profesores que leían de forma asidua publicaciones científicas, sin embargo, eran más proclives a creer en los neuromitos.

Veremos algunos de los mitos más difundidos y que siguen presentes entre los profesionales de la educación (y de otros ámbitos).

Neuromito 1: La teoría del cerebro Triuno

Aún hoy, libros sobre supuesta neurociencia aplicada hablan sobre el cerebro triuno o reptiliano como si fuese una verdad demostrada por la ciencia.

Nada más lejos de la realidad. El carácter científico de estos libros, discursos o artículos queda en entredicho si dan por cierta esta teoría desacreditada por la ciencia décadas atrás. El cerebro se ha desarrollado a lo largo de los milenios para garantizar la supervivencia; en este proceso ha dado lugar a comportamientos y respuestas a estímulos que pueden parecer absurdas en el siglo XXI, pero cruciales para asegurar la supervivencia de nuestros ancestros. Las estructuras más antiguas son las que se dedican a los procesos automáticos (mantener constantes vitales como la temperatura, la presión arterial o la frecuencia cardiaca...) y que las más modernas se encargan de dotarnos de auto consciencia, tomar decisiones complejas.

La teoría del cerebro triuno o reptiliano afirma que los diferentes pasos de la evolución dejaron rastro en el cerebro y, las diferentes etapas de la evolución se agrupaban en diferentes regiones: cerebro reptiliano, sistema límbico y neocorteza. Aunque la hipótesis del cerebro triuno ha tenido una gran repercusión en los medios y aún numerosos los psicólogos aplican sus ideas, no es apoyada por los científicos. Según la teoría del cerebro triuno, éste se divide en tres partes claramente diferenciadas:

El cerebro reptiliano, compuesto por las estructuras más antiguas del desarrollo, que dominan el comportamiento de animales menos desarrollados (reptiles y aves). Está en relación con comportamientos instintivos como la dominancia, la agresividad o la territorialidad. El sistema límbico consiste en una región más evolucionada y propia de los mamíferos antiguos. En él se encuentran muchas estructuras que participan en las respuestas emocionales: amígdala, ínsula, hipotálamo, hipocampo, se encarga de conductas relacionadas con motivaciones como la alimentación, el comportamiento parental o el reproductivo.

La neocorteza supone la estructura más evolucionada y únicamente presente en los humanos y grandes simios. Parte del cerebro implicada en la toma de decisiones racionales.

El cerebro triuno

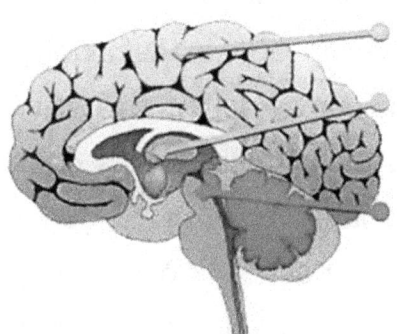

Neocortex
Cerebro de la razón
Nos permite analizar la información, resolver los problemas, planificar, desarrollar ideas, teorías...

Cerebro mamífero
Cerebro de las emociones
Nos dice lo que nos gusta y lo que no, hacia quien generamos afecto, hacia qué cosas nos sentimos atraídos, y qué recuerdos nos hacen sentirnos más tristes o más alegres.

Cerebro reptiliano
Cerebro de los instintos
Se encarga de nuestras funciones corporales básicas, como la respiración, la digestión, el latido cardiaco, y la regulación de la temperatura. Se encarga de responder de forma refleja e instintiva ante las situaciones estresantes y traumáticas.

Esta teoría cada vez tiene mayor número de detractores. Estas serían algunas de sus principales contradicciones más frecuentes:

Afirma que los ganglios basales son una de las estructuras más importantes del cerebro reptiliano por estar implicadas en las conductas más automáticas. Pues bien, se ha demostrado que representan una proporción mucho más pequeña en el cerebro de los reptiles y las aves de lo que se esperaba. Esto plantea que si la parte del cerebro reptiliano en reptiles no es tan grande como se pensaba, los

comportamientos automáticos están controlados de otro modo. Algunas estructuras del sistema límbico, que según esta teoría aparecen en los mamíferos primitivos, existen en otros vertebrados inferiores, con lo que deberían haber aparecido antes en la evolución. Lo mismo sucede con algunas estructuras propias del cerebro reptiliano que se dan en peces.

En la misma línea, algunas estructuras propias de la neocorteza también se han visto en algunos mamíferos inferiores. Las teorías psicológicas que intentan explicar el modo en que aprende el cerebro y en concreto los alumnos, asimilándolas a las conductas de los animales inferiores, no pueden competir con la utilidad de la resonancia magnética y otros sistemas propios de la neurociencia. Hoy ya no elucubramos sobre qué zonas del cerebro se activan cuando tomamos una decisión, simplemente la vemos.

Neuromito 2: El tamaño importa
Inicialmente se pensaba que la inteligencia estaba en relación con el tamaño del cerebro, aunque esta teoría ha quedado desterrada. Se sabe que su peso

se encuentra entre 1,2 y 1,5 kilogramos, aunque el cerebro de mayor tamaño del que se tiene evidencia llegó a pesar 2,2 kilogramos, siendo su propietario un deficiente mental. Tras su muerte en 1950, el cerebro de Einstein fue estudiado por el patólogo Thomas Harvey. Los problemas legales hicieron que los resultados no fueran publicados hasta el año 1985. A diferencia de lo que cree la mayoría, la inteligencia de Einstein no radicaba en un mayor tamaño del cerebro, que resultó pesar 170 gramos menos que la media, sino en la complejidad de sus conexiones.

Existía un número claramente mayor de un tipo de células que se encarga de favorecer la conectividad entre neuronas, de forma que la información viajaba más rápido y eso se asociaba con una mayor capacidad cognitiva.

Además, los cambios cerebrales estaban focalizados en una región concreta: la región parietal inferior, relacionada con las capacidades matemáticas y espaciales.

De esta manera se sabe que la inteligencia no radica en el peso o tamaño del cerebro, sino en su complejidad, en el número de neuronas y conexiones de las que dispone y que favorecen la conectividad entre las diferentes regiones del sistema nervioso.

Neuromito 3: ¿Hemisferio derecho o hemisferio izquierdo?

Otra de las teorías psicológicas más extendidas entre profesionales de la educación y que no tiene base científica es la llamada hemisferología, según la cual se clasifica a las personas según sean de cerebro derecho o de cerebro izquierdo. Esta teoría se basa en que algunas funciones del cerebro se encuentran localizadas en una región cerebral concreta. Por ejemplo, la zona del lenguaje se localiza mayoritariamente en el hemisferio izquierdo, como el cálculo, el reconocimiento del lenguaje o la memoria verbal. Por su parte, el hemisferio derecho está más relacionado con las facultades no verbales, la integración de los sentimientos en las percepciones, las habilidades artísticas y musicales. Esta información científica ha llegado a la cultura popular tergiversada. No es raro oír "yo soy de hemisferio izquierdo" o "este alumno es de hemisferio derecho" dependiendo de qué habilidades tengamos. Estas ideas, con las que algunos que se autoproclaman expertos en neuroeducación tratan de vender un modelo de enseñanza que en realidad está basado en ideas que, rayan el absurdo desde el punto de vista de la neurociencia.

Se ha llegado a confundir la dominancia hemisférica con los tipos de personalidad y se han realizado incluso programas escolares y técnicas de aprendizaje orientadas a alumnos diferenciando si estos son de un hemisferio cerebral u otro. Sin embargo, no existe evidencia científica para catalogar a una persona como de hemisferio cerebral derecho o izquierdo.

Esto no quita que cada persona tiene más desarrolladas unas habilidades; sin embargo, no quiere decir que pertenezcan al hemisferio derecho o al izquierdo. Los dos hemisferios están interconectados para la mayoría de las funciones.

Neuromito 4: El cerebro es inmutable

El aprendizaje se produce a través de la sinapsis (conexiones entre neuronas que permiten que los impulsos cerebrales viajen de una neurona a otra). Al nacer, el número de sinapsis es baja; a los dos meses de vida comienzan a crecer hasta que a los diez meses superan las de un adulto. Hoy en día no se ha encontrado evidencia acerca de que sea la densidad sináptica en los primeros años de vida la que determine las capacidades de aprendizaje. La ciencia ha contradicho la idea sobre el hecho de que las neuronas no tenían capacidad de regeneración. El proceso de regeneración neuronal es conocido como neurogénesis. El hallazgo de que se daba también en adultos marcó un antes y un después en la historia de la medicina, la psicología y la educación. Si bien la mayoría de las células neuronales se desarrollan en el periodo prenatal, hay ciertas áreas del cerebro que cumplen pueden crear nuevas neuronas posteriormente. Aunque este aumento es mayor durante infancia, se ha descubierto que existe un área cerebral que sigue creando nuevas neuronas a lo largo de la vida. Un estudio constató que había nuevas neuronas que nacían y que en poco tiempo eran funcionales. Además, descubrió que en el hipocampo (región cerebral asociada con la memoria, el aprendizaje y las emociones) continúa creando nuevas neuronas hasta una edad avanzada.

La neurogénesis postnatal del hipocampo equilibra el número de neuronas respecto a las que mueren continuamente; este equilibrio se rompe cuando envejecemos, siendo mayor la pérdida que la regeneración neuronal. El descubrimiento de la neurogénesis es crucial no sólo para los campos ligados a la ciencia o a la medicina, sino para la educación. A este respecto, se ha encontrado que existen periodos de mayor pérdida selectiva de sinapsis, y que la reducción sináptica de cada región cerebral tiene lugar en un periodo diferente, que coincide con las etapas de desarrollo cognitivo.

Ligado a la neurogénesis está la plasticidad cerebral o neuroplasticidad, propiedad del sistema nervioso que le permite adaptarse de al entorno cambiante y a las nuevas necesidades. Esta modificación se da en forma de fortalecimiento o debilitación de las sinapsis; este proceso se conoce como aprendizaje.

En definitiva, existen gran cantidad de teorías psicológicas que tratan de estudiar el funcionamiento cerebral, y la mayoría de ellas han quedado obsoletas con los avances de la neurociencia. En este siglo no tenemos que elucubrar la forma en la que el cerebro funciona, pues somos capaces de analizarlo con métodos objetivos de neurociencia.

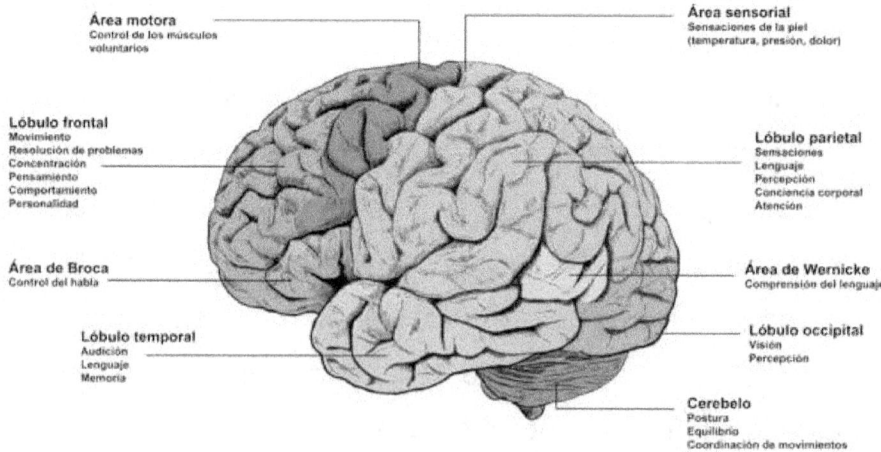

Neuroeducación y aprendizaje

Memoria, cerebro y aprendizaje

En los últimos años y a diferencia de lo que se pensaba, se ha descubierto que ni el cerebro de los adultos ni el de los niños son estáticos, sino que están constantemente desarrollando nuevas conexiones neuronales según se obtienen nuevos conocimientos, a medida que aprende. Estos cambios cerebrales se producen en zonas determinadas. El proceso por el que el cerebro almacena una información constituye la memoria, mientras que el proceso por el cual el cerebro se adapta a esa información es conocido como aprendizaje. Uno de los estímulos que más favorece el aprendizaje y produce cambios cerebrales es el éxito. Cuando se obtiene una recompensa, el cerebro reconoce lo que ha hecho bien y se producen cambios neuronales que nos llevan a repetir los mismos pasos. Si se trata de un fracaso, el almacenamiento (memoria) es mucho menor y el cerebro apenas sufre cambios. Los recuerdos. Los recuerdos tienen una base biológica. Sin embargo, el conocimiento de la ciencia sobre ellos es escaso y en continua evolución.

Hasta hace pocos años se consideraba que los recuerdos se generaban cuando células cerebrales colindantes se enviaban comunicaciones químicas a través de las sinapsis; se establecía así una nueva vía de conexión neuronal. Se creía que cada vez que recordamos algo almacenado en la memoria, esta conexión se reactiva y fortalece. Las conexiones de la corteza cerebral se estimulan con la nueva información, y se fortalecen al vincularse al contexto emocional en el que se forman. Tras ser codificadas, pasan a la región de la corteza en la que la información fue procesada; cuando es necesaria dicha información, o cuando una emoción es suscitada por algún factor externo, esa memoria se activa. Hoy se cree que los recuerdos residen en el interior de las células cerebrales y no en la sinapsis. Uno de los estudios más destacados fue realizado por David Glanzmann (neurobiólogo de la U.C.L.A). Se investigaba el propanolol como tratamiento del estrés postraumático, para bloquear el acceso a ciertos recuerdos. El propanolol bloqueaba la producción de las proteínas encargadas del almacenamiento a largo plazo, si se administra inmediatamente después del evento traumático. Se consideraba que la aplicación del medicamento permitiría bloquear la consolidación del recuerdo o incluso eliminarlo. El experimento logró en laboratorio generar nuevos recuerdos en la mente de un molusco mediante impulsos eléctricos; se crearon nuevas sinapsis en su cerebro. Después pusieron las neuronas en una placa de Petri y se evocaron de manera química los recuerdos creados por impulsos eléctricos; acto seguido se administró al molusco propanolol, pero tras un periodo de 48 horas los recuerdos volvieron a aparecer. Esto llevó a Glanzmann a afirmar que los recuerdos no se almacenan en las sinapsis.

A nivel aula una de las principales causas de los problemas para memorizar y recordar datos es el stress. En la infancia y la adolescencia, los individuos pueden estar sometidos a nivel de estrés elevado por causas familiares, sociales, académicas.

Cuando estamos sobrecargados el cerebro reacciona haciendo que el cuerpo adquiera un estado de hiperalerta, respuesta fisiológica para permitirnos sobrevivir a las amenazas del entorno hace miles de años. El estrés produce en el cerebro la creación de componentes que ayudan a incrementar el estado de alerta. Sin embargo, cuando el estado de estrés es constante, estos químicos afectan nuestro estado físico, que a su vez hace que haya pérdida de células cerebrales, lo que afecta a la habilidad de retener nueva información. Es por tanto esencial, lograr que los alumnos vean reducidos al mínimo sus niveles de estrés, ya que esto puede ser una de las causas de los malos resultados académicos.

La memoria sensorial y operativa
La memoria sensorial es la capacidad de registrar las sensaciones percibidas a través de los sentidos. Constituye la fase inicial del desarrollo del proceso de la atención. Tiene capacidad para procesar gran cantidad de información a la vez, pero durante un tiempo breve. Los elementos que finalmente se transferirán a la memoria operativa serán aquellos a los a los que se preste atención. La memoria a corto plazo es el sistema donde se maneja la información con la cual se interactúa con el entorno. Es más

duradera que la sensorial, pero está limitada a 7±2 elementos durante 10 segundos si no se repasa. Las funciones de esta memoria abarcan la retención de información, el apoyo en el aprendizaje, la comprensión del ambiente o la resolución de problemas. La memoria a largo plazo es a la que se hace referencia cuando hablamos comúnmente de memoria. Es en donde se almacenan los recuerdos, nuestro conocimiento sobre el mundo, los conceptos, etc. Su capacidad es desconocida y contiene información de distinta naturaleza. Una distinción dentro de la memoria a largo plazo es entre memoria declarativa y procedimental. La memoria declarativa es en la que se almacena información sobre hechos; la memoria procedimental almacena información sobre estrategias para interactuar con el entorno; la memoria procedimental está implicada en el aprendizaje de distintos tipos de habilidades. El aprendizaje de estas habilidades se adquiere de modo gradual, a través de la ejecución y la retroalimentación. El grado de adquisición de habilidades depende del tiempo empleado, así como del tipo de entrenamiento. La memoria declarativa contiene información referida al conocimiento sobre el mundo y sobre las experiencias vividas (memoria episódica). Un ejemplo es el día de año nuevo, que todos recordamos y para todos es diferente. También contiene información de conocimiento general. La memoria semántica es un almacén de conocimientos de los significados de las palabras y de las relaciones entre estos. La organización de los contenidos en la memoria episódica está sujeta a parámetros espaciotemporales. La información de la memoria semántica sigue una pauta conceptual, las relaciones entre los conceptos se organizan en función de su significado. Los eventos almacenados en la memoria episódica son los que se han codificado de manera explícita, mientras que la memoria semántica posee una capacidad de inferir y generar nueva información que no se ha aprendido explícitamente.

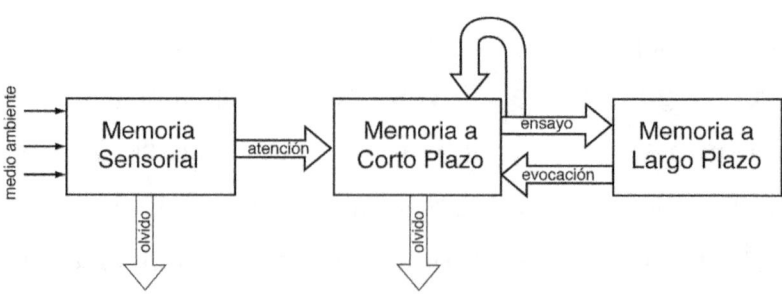

Aprendizaje, atención y motivación

Atención

La atención es la capacidad de poner la conciencia en algo concreto en un momento determinado. Aunque puede ser voluntaria, la atención es en la mayoría de los casos, involuntaria. A la hora de desarrollar la atención, el cerebro tiene diversos mecanismos que han de activarse. Diversos trabajos han estudiado cómo el cerebro desarrollaba la atención para centrarse en caras y objetos. Gracias a las nuevas técnicas de neuroimagen se ha comprobado que este tipo de atención tiene lugar en un área de la corteza prefrontal del cerebro (unión frontal inferior); esta área controla el procesamiento visual que permite reconocer una categoría concreta de objetos.

Existen similitudes entre las zonas cerebrales que rigen la atención hacia los objetos y entre la atención de carácter espacial. Según Robert Desimone, investigador del MIT, "las interacciones son sorprendentemente similares a las observadas en la atención espacial. Parece que se trata de un proceso paralelo que implica diferentes áreas. Tanto para la atención a los objetos como para la espacial, la corteza prefrontal es la responsable de la atención y de controlar el resto de las regiones implicadas. Una parte de esta corteza procesa las caras, y además está en coordinación con el hipocampo, relacionada con la interpretación de la información que tenemos acerca de los espacios.

Mediante magnetoencefalografía, se ha observado la actividad cerebral mientras se les muestran imágenes de personas y casas. Esta técnica es capaz de dar información sobre la activación neuronal en un momento concreto. El estudio superponía imágenes a dos ritmos distintos: 2 imágenes por segundo y 1,5 imágenes por segundo. A cada participante se le pidió que prestaran atención a todas las imágenes; cuando se le pidió que buscaran caras, la actividad de la unión frontal inferior y del área fusiforme facial se sincronizaron, indicando comunicación entre ambas. Luego, cuando se fijaron en las casas, la unión frontal inferior se sincronizó con el área de lugar del hipocampo. Las conclusiones principales del experimento recogen que el cerebro se aferra a la idea del objeto que está buscando, y dirige la parte adecuada del mismo a buscarla. Otro de los aspectos más importantes de la atención, es cómo el cerebro es capaz de cambiar el foco de esta. Estudios de carácter neurocientífico han trabajado en conocer cómo el cerebro alterna el foco de atención entre distintos estímulos sensoriales, como la visión y la audición. Con todo esto también esperan averiguar si es posible entrenar a las personas para tener más atención, controlando las interacciones cerebrales encargadas de eso.

Existen ciertas generalidades sobre la atención

La atención es un estado neurocognitivo de preparación; precede a la percepción y a la acción. Es el resultado de una red de conexiones neuronales. La atención focaliza selectivamente para filtrar la constante información sensorial; gracias a ella, los estímulos en competencia pueden procesarse en paralelo, y se desechan otros.

La forma más sencilla de conseguir la atención es romper un patrón.

El nivel de atención cambia a lo largo del día y de la semana. Se hablará de los ritmos circadianos y ultradianos en otras partes del máster.

La capacidad de atención se puede manipular. Por ejemplo, se sabe que algunos tipos de música mejoran o empeoran la capacidad de atención.

El exceso de información disminuye la capacidad del cerebro para mantener el foco de la atención. Este proceso se conoce como infoxicación.

Existen diferencias en atención entre hombres y mujeres.

Las distracciones disminuyen las capacidades de atención. Por ejemplo, cuando al lado del producto que queremos publicitar existen niños, uso de teléfonos móviles, nos será más difícil captar la atención. La necesidad de romper los patrones para captar la atención requiere de originalidad, a lo que se le ha dado el nombre de marketing "inteligente".

Motivación: clave para el aprendizaje

La motivación es por si misma esencial para el aprendizaje, pero, además juega un papel imprescindible en otros factores como la atención y la memoria. Durante el proceso cerebral de la motivación, se genera dopamina, un neurotransmisor que hace que seamos capaces de mantener en el tiempo y focalizar la atención, haciendo posible la existencia de la llamada memoria a largo plazo que da lugar al aprendizaje.

Existe pues, una clara relación entre la motivación, el aprendizaje y la atención. Para aprender, necesitamos prestar atención. Imaginemos a dos estudiantes que quieren aprender inglés y se apuntan a clase. Supongamos que los dos tienen las mismas capacidades de inteligencia y memoria. En teoría los dos deberían aprender inglés a la misma velocidad y adquirir los mismos conocimientos al final del curso. Pues bien, si el padre de uno de ellos le premia con algo que desee de verdad, las capacidades de este estudiante aumentarán, y aunque no dedique más tiempo que su compañero, su capacidad de memoria se potenciará y con ella su aprendizaje, de modo que será capaz de aprender más en el mismo tiempo que su compañero. La motivación extra está provocando algún cambio en el cerebro que aumenta sus capacidades de estudio y esos cambios son los que deseamos para nuestros trabajadores.

Imaginemos ahora que nos compramos un móvil y nos dicen el código PUK de nuestra tarjeta.

Posiblemente nos resulte difícil memorizarlo, mucho más difícil que el número de teléfono de alguien que nos atrae. El número de cifras que tenemos que recordar es similar y la parte del cerebro que utilizamos es la misma. El único cambio entre los dos escenarios es nuestra motivación, que es capaz de alterar nuestra capacidad de memoria y de aprendizaje.

Se ha comprobado que los seres humanos tenemos una tendencia innata a cambiar el foco de atención, lo que se denomina "alternancia de la atención".

Esto era muy importante para el hombre primitivo, por los peligros potenciales que amenazaban a su vida. Aquellos que estaban más preparados para percibir los cambios en el entorno tenían más   probabilidades de detectar antes los peligros y sobrevivir. Esto lo consiguió el cerebro desarrollando una tendencia a cambiar constantemente el estímulo al que prestamos atención, centrándonos únicamente en un foco.

La motivación de los estudiantes supone un factor clave para que el aprendizaje sea mayor y más duradero. En el sistema educativo actual, sigue sin embargo primando el enfoque unidireccional en el que la repetición y la capacidad memorística siguen primando sobre la motivación. Sin embargo, sería más eficaz en el proceso de enseñanza-aprendizaje, intentar motivar al alumno, pues como se desprende de su etimología (motivación significa motivo para la acción), esta puede ser un factor determinante en el interés por aprender.

Neurociencia de la atención y la motivación

Ahora bien, ¿qué sucede en un cerebro para que un estímulo no le motive y otro sea rápidamente el foco de atención? ¿Qué podemos hacer para que el cerebro de nuestros alumnos se encuentre motivado? Al cerebro llegan miles de estímulos a diario y de la gran mayoría no somos conscientes debido a que son filtrados por ciertas regiones cerebrales que funcionan de un modo automático. Un primer filtro (sistema activador reticular ascendente, SARA) elimina alrededor de un 95% de los estímulos por considerarlos inútiles o intrascendentes. La gran mayoría de estímulos no pasan el umbral de la consciencia y son descartados. La memoria es la base del aprendizaje, sin atención, como se ha visto, no puede darse el proceso de aprendizaje. En el proceso de la focalización atencional, gracias al cual somos capaces de centrarnos en un grupo concreto de estímulos y hacer que nuestros órganos sensibles (sentidos) desechen los numerosos estímulos externos que les llegan, la motivación juega un papel esencial. Si alguno de ellos llegase a ser interpretado como peligroso o placentero podría llegar a hacerse consciente e interferir en la atención. En clase, la explicación del profesor es sólo un estímulo (el móvil, el compañero, el fin de semana, son algunos de los que compiten por la atención). Para que el alumno aprenda, hay que captar su atención. Una vez que el estímulo concreto logra pasar el SARA, el estímulo atraviesa el camino formado por las vías dopaminérgicas y es posteriormente reevaluado por el sistema de recompensa cerebral y por el de aversión a la pérdida. Si es identificado como un peligro será descartado rápidamente. Si no lo identifica como tal, del estímulo se evalúa la cantidad de placer que puede aportar, y probabilidad de que consigamos ese placer o recompensa. La dopamina hace que deseemos el estímulo causa de su activación. Así, a mayor cantidad de dopamina en estas regiones cerebrales, más deseo y motivación.

El neurotransmisor que más importancia tiene en este proceso, la dopamina, es un magnífico potenciador de la atención y de la memoria, por lo que puede decirse que también lo es del aprendizaje. La dopamina se almacena en las terminales nerviosas de las neuronas, y allí permanece hasta que son es liberada por un impulso nervioso. Una vez que esto sucede, esa dopamina liberada es captada por los receptores de dopamina de otra neurona. De esta forma la información transmitida por el estímulo provoca una liberación de dopamina que a su vez que hace que se incremente la producción de otros neurotransmisores, como la noradrenalina y la adrenalina. Estos últimos, tienen el papel de impulsar a la acción para conseguir la recompensa. Así, el deseo que produce la enorme liberación de dopamina en las áreas de recompensa cerebral lleva asociado un segundo cambio en el cerebro: la liberación de otros neurotransmisores que también afectan al comportamiento y nos "mueven" hacia la recompensa. Los cambios dan lugar a una disminución en la percepción del esfuerzo y aumenta la capacidad de atención. Lo complicado de la motivación (lograr que alguien actúe o se mueva para lograr un fin) es que cada alumno responde a unos estímulos diferentes.

Circuito cerebral de la motivación

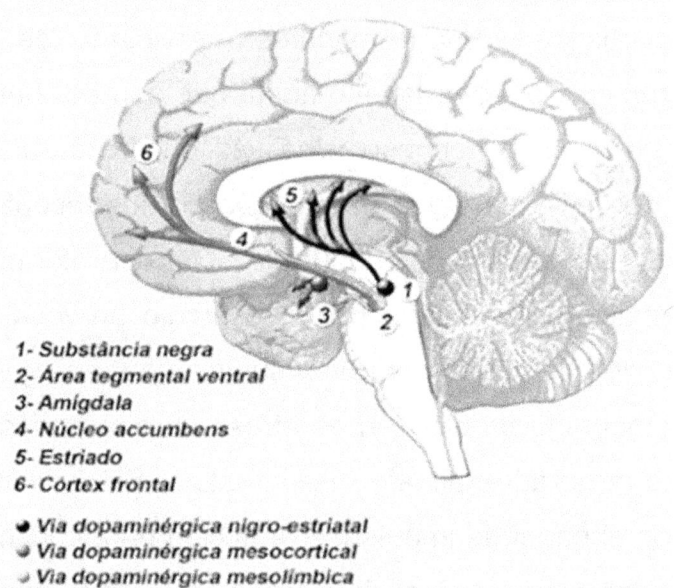

1- Substância negra
2- Área tegmental ventral
3- Amígdala
4- Núcleo accumbens
5- Estriado
6- Córtex frontal

◉ Via dopaminérgica nigro-estriatal
◉ Via dopaminérgica mesocortical
◉ Via dopaminérgica mesolímbica

Una descarga puntual de adrenalina aumenta la capacidad de concentración y de atención en una tarea. Sin embargo, la adrenalina y la noradrenalina también tienen un factor negativo y es que son las hormonas que se relacionan con el estrés, tanto el agudo como el crónico, por lo que un control de la cantidad de estas hormonas es necesario para la mejora de la educación y la salud psicológica de los estudiantes a largo plazo.

La liberación de dopamina de la que hemos hablado, sin embargo, también hace que la información que es analizada racionalmente no sea objetiva.

Eso mismo sucede, por ejemplo, cuando alguien nos gusta o nos enamoramos.

Durante el proceso de enamorarse de alguien, se generan grandes cantidades de dopamina, lo que, y hace que veamos en la persona en cuestión de manera segada, potenciando sus cosas positivas e ignorando sus defectos.

Para finalizar el circuito de la motivación, hay que hablar de otro neurotransmisor, la serotonina.

Este tiene un importante papel una vez que se ha logrado un objetivo o se ha satisfecho una necesidad.

La sensación de recompensa se debe a la serotonina, pues lleva a un estado de relajación y favorece a la razón sobre las emociones.

Resumen

1. El deseo de lograr algo o satisfacer una necesidad crea una situación de tensión y esta hace que el cerebro genera dopamina.

2. Esa tensión lleva a actuar en cuanto a que hace que intentemos conseguir algo. Para ello, el cerebro genera adrenalina y noradrenalina.

3. Si se obtiene la recompensa o satisface la necesidad, se genera serotonina.

Procesos neurolingüísticos

La neurolingüística estudia los mecanismos del cerebro que facilitan el conocimiento, la comprensión y la adquisición del lenguaje (hablado, escrito o signos) establecidos a partir de su experiencia o programación. La Neurolingüística es una rama a caballo entre en las ciencias naturales, las ciencias exactas y las ciencias sociales. Se centra en investigar cómo el cerebro implementa los procesos de la lingüística y la psicolingüística. La neurolingüística posee carácter multidisciplinar: de la neurociencia toma su metodología, principios y teoría;

también entran en juego campos como la lingüística, las ciencias cognitivas, la neuropsicología. El principal fin de la neurolingüística es estudiar los mecanismos fisiológicos del cerebro para procesar la información relacionada con el lenguaje usando técnicas de imagen cerebral (FMRI), la electrofisiología y los modelos computacionales. Las raíces de la neurolingüística datan del siglo XIX, en el estudio del déficit lingüístico (afasias) producto de un daño cerebral (efectos del daño cerebral en el procesamiento del lenguaje). Hoy, está ligado al lenguaje entendido como un medio de comunicación exclusivo de los seres humanos. Todos nos valemos de él y el éxito o el fracaso que tengamos en los distintos aspectos de nuestras vidas, dependerá, en gran parte, de la forma en que lo usemos. El origen de la neurolingüística como la conocemos hoy está en el libro Syndrome de désintegration phonétique dans l'aphasie, obra de tres investigadores de diferentes procedencias que unieron para crear la primera obra con las características de lo que hoy aceptamos como Neurolingüística. Los autores aunaban la neurología (el neurólogo y profesor a la Facultad de Medicina de

París, Thomas Alajouanne); André Ombredane, director adjunto del laboratorio de Psicobiología de la Infancia, y Marguerite Durand, lingüista, asistente del Instituto de Fonética. La neurología, la psicología y la lingüística, se unían por primera vez.

Lenguaje, enseñanza y PNL

El aprendizaje es el proceso dinámico de adquisición de conocimientos del mundo que nos rodea. La habilidad de adquirir el lenguaje constituye una característica humana que implica profundos y complejos procesos cerebrales a través de centros del lenguaje y áreas que están relacionadas con el aprendizaje. Los diferentes procesos lingüísticos (recepción, comprensión, expresión oral y escrita, y lectoescritura) ocupan entre otros, la parte frontal del lóbulo parietal, el área de Wernicke en el lóbulo temporal izquierdo, el centro de Luria o el área de Broca. La importancia que tiene un apropiado desarrollo del lenguaje en el niño radica en la influencia del lenguaje en las relaciones sociales y en su adaptación. Gracias al lenguaje el niño conoce el ambiente y desarrolla su personalidad. Así, el correcto desarrollo del lenguaje en los estadios de crecimiento del niño es fundamental para su desenvolvimiento en la vida. La profesión del docente requiere disponer de diferentes competencias que logren ayudar al alumno en ese proceso, más allá de los conocimientos de la materia que imparte.

Por ello, la neurolingüística está cada día incrementando su presencia en el aula, como instrumento para mejorar la enseñanza.

Con relación a esto, merece la pena hablar de la Programación Neuro-Lingüística (PNL). Con PNL se hace referencia al proceso de identificación y uso de modelos de pensamiento para influir en el comportamiento, y así lograr una mejora de la calidad de vida.

El nombre de PNL se refiere a tres aspectos básicos
-Programación: aptitud para producir y aplicar programas de comportamiento.
-Neuro: percepciones sensoriales que determinan el estado emocional.
-Lingüístico: medios de comunicación verbal como no verbal.

En la práctica de la PNL no se actúa directamente sobre la realidad, sino sobre una representación personal de la misma; la PNL trabaja sobre los recuerdos. Cuando recordamos algo lo hacemos a través de las representaciones de nuestros sentidos. Se recuerda lo que se oyó, se vio, se sintió. Sin embargo, es importante saber que cuando una persona recuerda un acontecimiento, no se está recordando lo que sucedió, sino lo que esa persona percibió.

Las creencias, la edad, la ideología, la experiencia previa influyen en la percepción. Normalmente la persona recuerda un hecho de una manera que no cuestiona sus creencias.

En el contexto del aula este hecho es clave, ya que lo que el profesor interpreta de una forma, puede ser interpretado y posteriormente recordado por el alumno de manera diametralmente diferente.

PNL en el aula

Las terapias de PNL se fundamentan en la relación entre pensamiento, emoción y lenguaje. Todo lo que pensamos y decimos se transforma en emoción y viceversa, todo lo que sentimos se transforma en pensamientos y en ocasiones en palabras.

La programación neurolingüística puede utilizarse en la educación, como un método de potenciar y mejorar este, así como para aumentar su motivación.

Las técnicas de programación neurolingüística aplicadas a niños y adolescentes, constituyen una estrategia, un modelo que puede ser aplicado a la educación y el aprendizaje infantil.

Para entender la manera en que la PNL es aplicada en la educación, es imprescindible conocer qué es la Programación Neurolingüística. La PNL puede definirse como una estrategia de comunicación compuesta por un conjunto de técnicas enfocadas al desarrollo de la persona, y basado en que toda conducta se desarrolla sobre una estructura previamente aprendida, la cual puede ser detectada para ser realizada por otras personas y obtener con ello similares resultados.

Analicemos el concepto

Programación. Porque se emplean y ejecutan programas. El cerebro actúa como un gran ordenador, el cual está sólo con el sistema operativo al nacer, y con el tiempo se va llenando con programas a partir de nuestras experiencias. Estas experiencias ingresan a través de nuestros sentidos. Algunos de estos 'programas' son útiles y otros no. La PNL intenta que el individuo sea capaz de seleccionar el programa que más les conviene para cada ocasión.

Neurolingüística. Nuestro cerebro, a partir de las neuronas, es el encargado de introducir, ejecutar y gestionar los programas.

Lingüística. Es el lenguaje el que nos permite realizar la comunicación que genera la emoción para luego invitar a la acción.

Hoy es comúnmente conocido el gran poder que poseen las palabras. Solo con el empleo de ciertas palabras se puede lograr captar la atención del alumno, motivarle, o por el contrario hacerle sentir frustrado. El empleo de la palabra tiene consecuencias, lo que exige que sean usadas de manera consciente. De esta forma, el uso de frases negativas en el aula al dirigirse a un alumno puede tener consecuencias nocivas sobre su aprendizaje.

Puesto que las palabras influyen en cómo el individuo desarrolla su propia personalidad y su autoimagen, así como las relaciones con los demás, el empleo de palabras negativas afecta de manera negativa a estos aspectos.

Algunos ejemplos de frases negativas y expresiones que deben evitarse en el entorno escolar, o sobre las que hay que tener especial atención si son empleadas por los alumnos, son:

Recriminaciones en voz alta, tanto a los alumnos como sobre uno mismo.

Corregir al alumno que empiece una oración con: "Yo sé que no soy bueno en...", "como soy malo/ torpe...", "no puedo, no soy capaz". Cuidado con las descalificaciones físicas entre los compañeros. Nunca aludir a los rasgos físicos de los alumnos.

Atención e intervención a nivel educativo

En la actualidad es generalmente asumida la importancia de educar escolarmente a todos los niños y adolescentes, hasta una cierta edad hasta la cual la educación es obligatoria. Como se apunta previamente, esta necesidad es inclusiva, lo que hace que todos los sujetos del rango de edad establecido sean objeto del proceso de enseñanza-aprendizaje. Puesto que no existe un tipo único de alumnos, la educación ha de responder a las necesidades particulares de cada uno de ellos; si bien es cierto que una mayoría de jóvenes y niños pueden englobarse en lo que se considera 'normal', otros muchos requieren de ciertas actuaciones concretas por parte del profesorado, el centro o las administraciones para lograr los objetivos marcados. Con intervención educativa se hace referencia a un programa específico que tienen como finalidad ayudar a un estudiante a mejorar en un área, ámbito o asignatura que necesite. Responde a la existencia de diferentes necesidades entre los niños. Todas las intervenciones educativas tienen una intención particular y se dirigen a solucionar problemas o carencias; tienen además una duración determinada, la cual se establece al especificarse formalmente dicha intervención. Todas han de ser evaluables en cuanto a poder medir su eficacia se refiere. Una intervención dura un cierto número de semanas o meses y se revisa periódicamente.

Las intervenciones, como se ha señalado, son formales; sin embargo, un rasgo esencial de las mismas para que sean eficaces es que sean también flexibles. La neurociencia puede jugar un papel esencial en el establecimiento y diseño de diferentes intervenciones educativas.

La Neurociencia hace referencia a un conjunto de ciencias cuyo sujeto de investigación es el sistema nervioso, con particular interés en cómo la actividad del cerebro se relaciona con la conducta y el aprendizaje; esta definición pone de relieve el importante papel del conocimiento del funcionamiento cerebral en el establecimiento y adaptación de medidas específicas de intervención.

Para Mora (2013), la curiosidad es la puerta que abre las ventanas de la atención, y gracias a la atención se produce el 'ensamblaje' neuronal que permite que se produzca el aprendizaje. Según la neuroeducación y los conocimientos que se disponen sobre el funcionamiento del cerebro aseguran que es necesario para que los educadores capten la atención del alumno, que primero activen sus mecanismos de curiosidad; solo así podrán captar su atención.

Para Lacoboni (2009) "Estamos en un punto en el que los resultados de la neurociencia pueden ejercer una influencia significativa en la sociedad y en la comprensión de nosotros mismos y cambiarlas" (p. 260). El estudio del cerebro humano es un proceso altamente complejo, pero gracias a los nuevos conocimientos de la Neurociencia, existen diferentes formas de intervenir en al aula para captar la atención de los alumnos. La neurociencia señala que la curiosidad no es un fenómeno único: existen a nivel cerebral una curiosidad llamada perceptual y una curiosidad epistémica, formada esta última por circuitos neuronales distintos, y que es la responsable de las ganas de conocer. Desde el punto de vista de la neurociencia, la atención es uno de los factores más importantes a aplicar en la escuela (Mora, 2009). Pero la atención hay que atraerla, no demandarla bajo principios de autoridad.

La curiosidad epistémica describe la curiosidad como un deseo de aprender más y comprometerse de forma intelectual" (Litman, Collins y Spielberger, 2005). De manera sencilla, nos referimos a querer saber más sobre algún tema concreto a partir de que capte nuestra atención (algo que se ha leído, algo que oímos…). A partir de ahí se quiere saber más, descubrir.

Atención e intervención en la educación superior

La atención a la diversidad es una obligación en el sistema educativo español; y lo es en todos los niveles de enseñanza.

Sin embargo, fuera de la educación postobligatoria esto no siempre se cumple, encontrándose el alumnado con que las instituciones de educación superior no tienen en muchos casos ningún plan ni medida de atención específica ni una acción docente que responda a sus necesidades específicas, mayoritariamente de carácter sensorial y físicas. Sin embargo, la Universidad ha de jugar un rol decisivo en la garantía del principio de igualdad de oportunidades. En la práctica ciertos colectivos no pueden tener acceso a ciertos recursos, lo que hace que impide dicha igualdad (Granados Martínez, 2000).

En la actualidad es creciente el número de estudiantes que necesitan intervenciones de diverso tipo en los estudios universitarios, como fruto del proceso creciente de educación integradora. Este hecho ha supuesto para la universidad la necesidad de dar respuesta a ciertas demandas y necesidades; estas implican activar medidas y recursos materiales y humanos para paliar los impedimentos que estos alumnos puedan encontrar, así como para asegurar la igualdad de oportunidades. El afán integrador del sistema educativo también ha de practicarse en la universidad. Y en ella deben existir, como medida básica de intervención, un programa que atienda a la diversidad. Este tiene tres componentes educativos que deben aparecer siempre (Bayot, Rincón y Hernández, 2002): fomentar el respeto por la diferencia, aprovechar la diversidad como elemento formativo, y tener flexibilidad. Los principales problemas que encentran aún hoy en día los universitarios que necesitan ciertas medidas de intervención, son relacionadas con la aptitud física. Cabe en este sentido señalar cuales son las medidas de intervención que más se requieren en el ámbito universitario de nuestro país.

Las relativas a las infraestructuras adecuadas
Adaptación de la documentación y material académico.
Espacios comunes adecuados y habilitados (baños, escaleras, acceso a aulas...).
En el ámbito universitario, la población con dificultades auditivas señala como principal problema para sus estudios, la relación con los profesores, además de la escasez de información de carácter diferente al campo visual; en general, puede resumirse en la falta de apoyo tanto técnico como humano. Sin embargo, hay que señalar que la universidad española ha llevado a cabo numerosas acciones y medidas de intervención, de diversa índole: diversificación curricular, eliminación de

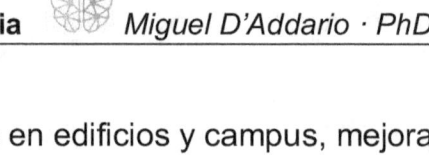

barreras arquitectónicas en edificios y campus, mejora de accesibilidad, concienciación de la comunidad universitaria, ayuda a la inserción social y laboral. Además, algunas universidades en nuestro país cuentan con departamentos y acciones específicas destinadas a la integración de todos los estudiantes.

Algunos ejemplos destacables son:

Universidad Autónoma de Madrid: protocolo de Atención a Personas con Discapacidad. Es una guía de orientaciones prácticas y recomendaciones para su integración en la vida universitaria. Cuenta también con la Oficina de Acción Solidaria y Cooperación, que ha llevado a cabo diferentes acciones para facilitar los accesos y adaptar el campus.

Universidad de Barcelona: cuenta con la Oficina de Programas de Integración, que busca garantizar la igualdad de oportunidades en la vida académica. Se realiza un estudio personalizado de los alumnos con discapacidad, para conocer sus necesidades y asesorarles sobre los recursos de la Universidad.

Universidad de Almería: dispone de un Departamento de Apoyo a Estudiantes con Discapacidad, donde ofrece asesoramiento y apoyo tanto académico como personal. Cuenta también con un Programa de Atención Personalizada que estudia las necesidades de cada estudiante con discapacidad y le facilita recursos materiales.

Universidad de Cádiz: cuenta con el llamado Programa de Atención a la Discapacidad, Dirección General de Acción Social y Solidaria.

Trabaja cuando un alumno con discapacidad lo solicita. Se estudian sus necesidades y se busca proporcionarle los recursos necesarios tanto materiales como de acceso, personales, etc., siempre adaptados al caso particular.

Universidad de Sevilla: Unidad de Atención al Estudiante con Discapacidad. Su objetivo es garantizar el acceso a la Universidad y su permanencia a partir de una atención personalizada. Se evalúan las necesidades académicas especiales.

Neuroeducación y necesidad concreta de apoyo

Neuroplasticidad y déficit de atención e hiperactividad

Con neuroplasticidad se hace referencia al proceso mediante el cual las neuronas aumentan sus conexiones entre sí y las hacen estables como consecuencia del aprendizaje, la experiencia, o la estimulación sensorial y cognitiva. La Organización Mundial de la Salud (OMS) define la plasticidad neuronal como la capacidad que tienen las células que conforman el sistema nervioso para reconstituirse de forma anatómica y funcional, después de ciertas patologías, enfermedades o incluso traumatismos.

Durante mucho tiempo los científicos creían que las neuronas eran inmutables, que tras su muerte no eran reemplazadas por otras nuevas. En los últimos años, con el desarrollo de la llamada neurogénesis, la ciencia ha demostrado que esto no es así. Las células madre, que se encuentran en ciertas estructuras cerebrales, se divide en dos células: una célula madre y otra que se convertirá en una neurona nueva, con axones y dendritas. Estas nuevas neuronas van a diferentes áreas cerebrales, permitiendo que el cerebro reponga su capacidad neuronal.

Investigaciones en el año 2000, demostraron que la actividad mental modifica el cerebro y logra un refinamiento importante en la toma de decisiones, como consecuencia de la neuroplasticidad.

Se puede entender como una propiedad del sistema nervioso para contrarrestar los efectos la pérdida neuronal (enfermedades, lesiones…). Así, ciertas neuronas puedan suplir a otras y ocupar el lugar de las que no funcionan correctamente. Esta capacidad del cerebro es más eficiente en la infancia que en la etapa adulta, aunque hoy ha quedado desmentida la idea de que los adultos no regeneraban ni aumentaban su estructura neuronal y sináptica.

También se le dice plasticidad cerebral es la capacidad del cerebro de modificarse a sí mismo como respuesta a los estímulos del entorno. Es básico el medio ambiente en el desarrollo del cerebro al nacer, así como los estímulos del entorno. Si el entorno es favorable, el desarrollo cerebral del niño desarrollará más sus habilidades. Esta capacidad del cerebro, le permite aumentar o disminuir el número de ramificaciones neuronales y de sinapsis, a partir de un estímulo sobre el córtex cerebral.

Cuando nacemos, el cerebro está totalmente libre de conductas genéticas; sólo se dan respuestas reflejas para posibilitar su adaptación al nuevo entorno. El bebé nace con miles de millones de neuronas; estas no incrementarán su número, pero durante la infancia se mielinizarán. La mielinización es el proceso por el que las neuronas, es decir, desarrollan la mielina, sustancia que las recubre y permite que se conecten entre sí.

Conexiones sinápticas

Recién nacido   6 años   14 años

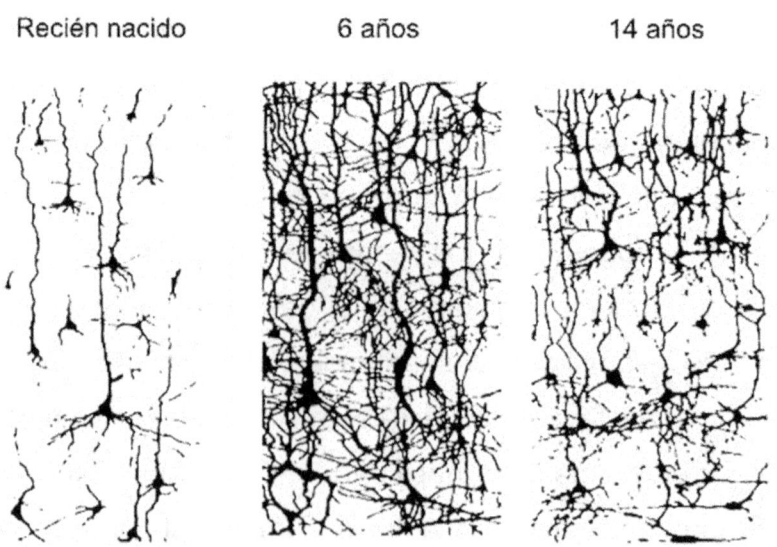

Las conexiones entre neuronas se llaman sinapsis. Las neuronas necesitan mielina para su conexión pues ayuda a la conducción de los impulsos eléctricos. Para que se dé la sinapsis, es necesario que el niño reciba estímulos del exterior (oído, vista, tacto…).

Neuroplasticidad y desarrollo del cerebro

Hoy en día se ve la neuroplasticidad como la base estructural del aprendizaje, pues existe estrecha relación entre los estímulos internos y externos, con el proceso de transformación del cerebro. Hasta hace pocos años se creía que el cerebro era inmutable, que nacíamos con un número de neuronas y que este se iba reduciendo con el tiempo; también se creía que el aprendizaje solamente podía tener lugar en la infancia y que en la edad adulta era imposible aprender. Actualmente y gracias a los avances de la neurociencia, conocemos la existencia de una característica de nuestro cerebro: la neuroplasticidad o plasticidad neuronal, una propiedad del sistema nervioso que le permite adaptarse continuamente al entorno, las nuevas necesidades, conocimientos y experiencias. El cerebro humano pues, tiene la capacidad de adaptarse y cambiar su estructura a lo largo de la vida.

La experiencia y el estudio modifican el cerebro continuamente, fortaleciendo o debilitando las sinapsis o uniones que se dan las neuronas.

Este proceso es lo que se conoce como aprendizaje. En los primeros meses de vida es cuando se dan la mayor parte de las conexiones neuronales, lo que hace que sea en este periodo cuando más importante es la estimulación. La plasticidad de los niños, aunque continúa en todas las etapas del desarrollo, tiene más intensidad en los primeros 3 años.

El desarrollo del cerebro de la infancia se realiza en dos etapas. Los tres primeros años son el eje central del desarrollo, se dan los hitos más importantes de la maduración. La estimulación lingüística, motora e intelectual es esencial para poder luego seguir manteniendo y desarrollando capacidades el resto de la vida. Al mes de vida hay intensa actividad en las áreas cortical y subcortical, que controlan las funciones sensorial y motriz. La actividad cortical crece el segundo y tercer mes, tiempo primordial para la estimulación visual y auditiva. El octavo mes, la corteza frontal incrementa su actividad metabólica, lo que hace que emociones y pensamiento se encuentren en plena actividad (esto explica el mayor apego con los cuidadores). También el aspecto del cerebro cambia en los primeros años. Crece en tamaño. El cerebro representa un tercio del organismo en el momento de nacer, y alcanza el 80% del tamaño adulto entre los cuatro y cinco años.

Hasta los seis años el cerebro adquiere habilidades, pero tiene la estructura anatómica definida; a esa edad puede darse por concluido el proceso de desarrollo cerebral. En función de los estímulos que reciba el cerebro, y la actividad que lleve a cabo con más regularidad, varía su estructura. Esto es producto de la neuroplasticidad. Se ha demostrado que un abultamiento del hipocampo (que regula la memoria espacial), en los taxistas londinenses. Estudios en Alemania en 2002, comprobaron que los músicos tenían más desarrollada la circunvolución de Heschl y otras áreas de la corteza auditiva implicadas en la percepción y procesamiento del sonido (Bermúdez et al., 2009).

Desde la perspectiva educativa, el concepto de neuroplasticidad ha supuesto un cambio de paradigma, pues implica que todos los alumnos tienen la capacidad de mejorar con esfuerzo y práctica.

Plasticidad y TDAH

Los trastornos TDAH están relacionados con la plasticidad cerebral, en cuanto a que se originan por problemas de enlaces entre neurotransmisores cerebrales (dopamina, noradrenalina), encargados de las funciones ejecutivas. Estas funciones posibilitan realizar acción mantenerla en el tiempo a pesar del resto de estímulos distractores. La neuroplasticidad explica que la experiencia que adquirimos a lo largo de la vida deja huella en la red neuronal. Al nacimiento el número de sinapsis es baja, hay un incremento considerable a los 10 meses y continúa hasta que se produce una estabilización sobre los 10 años, con valores similares al adulto. Cuando se da un nuevo aprendizaje, el cerebro establece una serie de conexiones neuronales. Estas vías neuronales se potencian y fijan en el cerebro a través de la práctica, pues cada vez que tiene lugar esa repetición, la transmisión sináptica entre las neuronas implicadas se refuerza. Cuando la comunicación entre neuronas mejora y se hace más fuerte, la cognición se hace potencia y es más fácil acceder a ese conocimiento. Este hecho de adquisición de conocimiento y de mejora de la relación entre las neuronas, se creía hasta hace unos años, que sólo se daba en la infancia, sin embargo, gracias a la plasticidad cerebral nuestro cerebro puede adaptarse y cambiar a lo largo de nuestra vida. Sin embargo, la plasticidad neuronal en niños afectados por TDAH es menor, pues presentan problemas con los principales neurotransmisores. Esto tiene consecuencias directas sobre la atención y la memoria. En niños que presentan un TDAH, se ha observado una llamativa reducción en el tamaño del núcleo accumbens, región del cerebro relacionada con los circuitos dopaminérgicos, el estado de ánimo y la atención. Antes de continuar, merece la pena especificar cuáles son las regiones cerebrales afectadas en niños con TDAH, según estudios de neuroimagen:

Corteza prefrontal: encargada de la función ejecutiva (planificar acciones, tomar conciencia de los errores, evitar distracciones y desechar estímulos irrelevantes...).

Cuerpo calloso: permite la comunicación entre los hemisferios cerebrales.

Ganglios basales: control de los impulsos, coordina la información que llega de otras regiones del cerebro, inhibe las respuestas automáticas.

Cíngulo anterior: gestión afectiva y manejo de las emociones.

Por otro lado, los neurotransmisores actúan como elementos que conectan las neuronas entre ellas, y lo hacen a través de unos receptores. Los impulsos neuronales se transmiten de una neurona a otra y entre regiones cerebrales. Gracias a los últimos descubrimientos de la ciencia, se sabe que el TDAH (Trastorno de Aprendizaje e Hiperactividad) conlleva problemas en los circuitos reguladores que comunican dos zonas cerebrales: el córtex prefrontal y los ganglios basales.

Estas áreas se comunican a partir de dos neurotransmisores: la dopamina y la noradrenalina. Los niños con este tipo de trastornos presentan una producción deficitaria de estos neurotransmisores, junto a un alto nivel de recaptación de estas; esto hace que la se neurotransmisión se vea afectada, lo que a su vez afecta a la atención, la memoria de trabajo y el control ejecutivo.

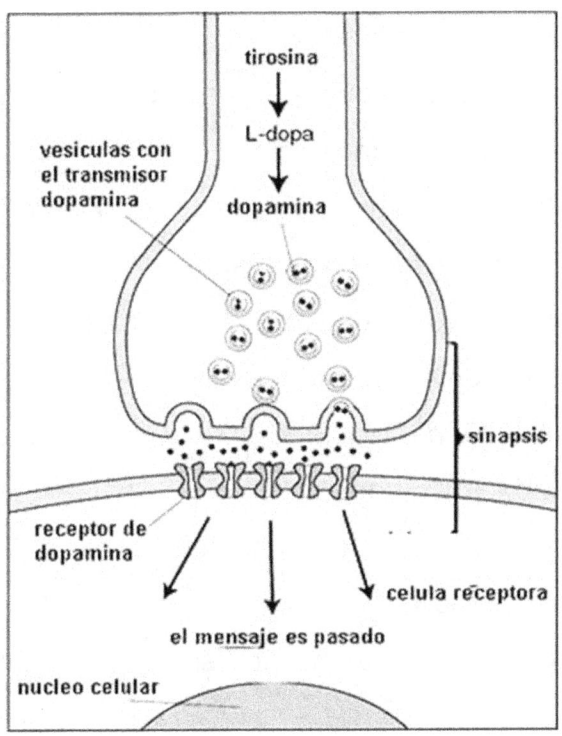

La dopamina tiene importantes implicaciones educativas pues interviene en procesos de motivación que son fundamentales en el aprendizaje. Se ha demostrado que el pensamiento positivo está asociado al córtex prefrontal del hemisferio izquierdo y que, en esta situación, se libera dopamina que activa los circuitos de recompensa. La menor conectividad entre las neuronas por el déficit de neurotransmisores produce las siguientes consecuencias:

- Disminuye la atención.
- Dificulta la memoria de trabajo (a corto plazo).
- Dificulta la organización.
- Dificulta la jerarquización de estímulos y la inhibición de los irrelevantes.
- Disminuye la capacidad de iniciar y mantener en el tiempo actividades.
- Dificulta la capacidad para control y bloqueo de respuestas inadecuadas.
- Dificulta la planificación de actividades complejas.
- Incrementa la actividad física y la impulsividad.

El tratamiento médico en muchos casos puede mejorar la respuesta cognitiva de los TDAH, pues facilita y aumenta la producción del neurotransmisor del que hay carencia y dificulta su recaptación. Uno de los más usados es el metilfenidato, que actúa incrementando la disponibilidad de dopamina a través del bloqueo del transportador de la dopamina (DAT).

Además, en los últimos años se está viviendo un crecimiento de las técnicas no invasivas de neuroestimulación, que actúan modulando la plasticidad cerebral, ayudando a reducir la sintomatología del TDAH.

Mejora del aprendizaje a nivel educativo

Altas capacidades intelectuales

Cuando se habla de altas capacidades intelectuales (ACI) se hace referencia siempre a la inteligencia. Sin embargo, el modelo educativo y cultural ha evolucionado y hoy el concepto de inteligencia ha cambiado a lo largo de los siglos XX y XXI; se ha pasado de una percepción psicometría de la inteligencia, a un concepto dinámico, y modificable a lo largo de la vida, una idea de la inteligencia no común rasgo unívoco sino como una conjunción de capacidades que varían a lo largo de la vida (Castello, 2001). Aunque sigue teniendo importancia cómo orientación, el coeficiente intelectual (CI) lleva años en entredicho como medida principal de la inteligencia, así como de predictor del éxito tanto académico, profesional y social. Las investigaciones sobre la inteligencia llevadas a cabo desde la neurociencia están transformando las ideas sobre las altas capacidades.

Para Sternberg (1997), más del CI existen las inteligencias analíticas, creativa y práctica, y para tener éxito son necesarios los tres en alguna medida.

Para Sastre (2011:5; 2003): Cada vez son más abundantes los estudios neuropsicológicos que ofrecen resultados sobre la configuración y funcionamiento cerebral de las personas con altas capacidades, y entre ellas, las superdotadas, caracterizadas por una mayor eficiencia neural de funcionamiento que comporta la activación selectiva y simultánea de las zonas relacionadas con la resolución de la tarea, menor consumo metabólico cortical, mayor mielinización y riqueza de redes sinápticas. A nivel académico es esencial la detección temprana de los casos de altas capacidades intelectuales, la detección es básica pues permite realizar lo antes posible la mejora la intervención, adaptando una respuesta educativa; existen protocolos rigurosos para la detección y las intervenciones.

Reconocer este tipo de alumnos requiere conocer la definición de estos. Así, por superdotación entiende al individuo que reúne la combinación de todos los recursos intelectuales, posibilitando un elevado nivel de eficacia en cualquier forma de procesamiento y gestión de la información. Los superdotados suelen tener gran capacidad de atención, concentración y memoria, flexibilidad cognitiva, facilidad para adaptarse a los cambios, presentan una alta eficacia cognitiva que los lleva a establecer conexiones entre informaciones y contextos diferentes, y desarrollar soluciones innovadoras. Los alumnos superdotados muestran una personalidad equilibrada y alta autoestima.

Por otro lado, puede hablarse del talento, lo que supone un concepto más específico. Los talentos se caracterizan por el alto rendimiento en una o algunas áreas específicas. Pueden presentar elevada capacidad en un ámbito cognitivo, y un rendimiento medio o algo bajo en otras áreas. Castello y Battle (1998) proponen una clasificación de talentos, útil para la comprensión del alumnado con altas capacidades intelectuales.

Talentos simples y múltiples: matemático, lógico, social, creativo, verbal.

Talentos complejos: académico y artístico-figurativo.

En el entorno educativo merece especial atención el talento académico, de carácter complejo; en él destacan unos ricos recursos verbales, un elevado razonamiento lógico y una memoria superior a la media. Este perfil es el que el profesorado detecta con más frecuencia.

Son también comunes en el aula los alumnos de desarrollo precoz. Con precocidad se hace alusión al desarrollo evolutivo a edad más temprana que los niños de su edad. El alumnado que presenta una precocidad en cualquier área debe ser atendido desde el contexto escolar antes de que finalice su maduración.

Alumnado con altas capacidades
Aunque son un grupo heterogéneo, los alumnos con altas capacidades presentan ciertas características

generales, aunque no son generalizables al cien por cien.

Capacidad para razonar de manera compleja.

Curiosidad e interés por aprender desde muy pequeños.

Gran memoria a largo plazo.

Elevado nivel de actividad, energía y concentración.

Vocabulario preciso y rico.

Aprendizaje rápido y de manera inductiva.

Capacidad crítica con las normas e interés por conocer sus razones.

Capacidad de establecer relaciones entre informaciones de diferentes fuentes.

Alta sensibilidad y gran sentido del humor, elaborado, impropio para su edad.

Capacidad de enfocar los problemas de forma diferente y de anticipar consecuencias.

Intereses y preocupaciones propias de niños de mayor edad.

Independencia de pensamiento.

El estilo de aprendizaje del alumno con altas capacidades también tiene rasgos propios.

Aprenden más rápido, con más facilidad que sus compañeros/as.

Capacidad de afrontar a contenidos más complejos para su edad.

Alto nivel de energía, gran capacidad de concentración y persistencia.

Capacidad de atender a varios temas a la vez.

Tendencia a enfocar un problema desde ópticas diferentes.

Aprendizaje inductivo.

Los ACI en el aula

Es muy importante detectar los alumnos que poseen altas capacidades pues requieren de una atención especial para aprovechar su situación. Aunque las necesidades son diferentes, también presentan necesidades comunes.

Algunas de las pautas que a seguir son:

Aceptarlo como es. Potenciar un autoconcepto positivo, y hacer que sea consciente de sus fortalezas y debilidades. Explicarle qué son las ACI, y sus ventajas y desventajas. No frenar sus inquietudes:

curiosidad, deseo de ampliar conocimientos. Aceptar su necesidad de mostrar y aportar lo que sabe. Estimular intelectual y creativamente al alumno. Facilitar las oportunidades necesarias y favorecer el entorno y las situaciones para que se relacionen con personas quien comparta intereses.

Neurociencia y funcionalidad auditiva y visual

La Neuroeducación, como un nuevo campo de estudio, tiene entre sus principales intereses el mejorar la actividad docente, lo que es de especial interés en los casos de alumnos con necesidades educativas especiales, entre los que se encuentran las deficiencias auditivas, visuales, o motoras, además de las propias de la cognición. Puesto que los alumnos con problemas auditivos requieren un tipo de enseñanza adaptado, la Neuroeducación permite acercar a los agentes educativos aquellos conocimientos relacionados con el cerebro y con el aprendizaje que les ayuden a comprender cómo es el proceso para los alumnos con diferentes problemas. En los últimos años, los neurocientíficos han desarrollado nuevas maneras de estudiar el cerebro humano a partir de imagen cerebral, principalmente a través de resonancia magnética funcional (FMRI). Esta es una herramienta no invasiva que permite la visualización de la actividad cerebral cuando es sometida a ciertos estímulos. Este tipo de investigaciones han permitido conocer más sobre el funcionamiento del sistema nervioso con relación al procesamiento auditivo. Gracias a los trabajos de llevados a cabo por neurocientíficos cognoscitivos, se puede hoy explicar cómo los procesos de reconocimiento y comprensión de los sonidos funcionan cuando hay un problema de este tipo. Uno de los principales problemas entre los niños en relación con la audición y su interferencia educativa, es el relacionado con el procesamiento auditivo. Con esto, nos referimos al proceso que tiene lugar en el momento en el que el cerebro reconoce e interpreta los sonidos que le llegan y que han sido recogidos por los órganos sensitivos, en este caso el oído. El proceso de la audición se da cuando la energía que recogemos como sonido, se desplaza a través del oído y se transforma en impulsos eléctricos para ser interpretados por el cerebro. Cuando se habla de un problema auditivo del tipo citado, se habla de un desorden del procesamiento auditivo. No hablamos pues de problemas en la recogida o captación de la información por un problema, sino nos referimos a la situación en que es la propia interpretación de la información la que está dañada. Los niños que padecen APD (desorden del procesamiento auditivo en sus siglas en inglés) no reconocen las diferencias leves que existen entre los sonidos. Sobre la causa no existen explicaciones concretas y definidas. La comunicación, además de la percepción de la información del mundo exterior mediante los sentidos, depende de la interpretación que realiza el sujeto; es este proceso el que hace que esa información tenga sentido. Cuando los sujetos reciben información a través de la vía auditiva, se producen una serie de fenómenos fisiológicos y psicológicos. Cuando la persona oye, se produce la captación de estímulos vibratorios, que como se ha señalado, han de ser interpretados para adquirir significado, lo que tiene lugar en la corteza cerebral. Para que el sonido se comprenda como un mensaje, es necesario un aprendizaje previo, así como una atención voluntaria hacia la fuente del sonido; nos referimos pues a la existencia de dos grandes grupos de problemas relativos a la vía de comprensión auditiva: los de captación del sonido (sordera) y los de interpretación, como la APD. La comunicación humana también requiere ciertas capacidades mentales, como la atención y la memoria. En niños, la dificultad de procesamiento auditivo puede estar asociada a otros problemas como la dislexia, el trastorno de déficit de atención o el autismo. Existen una serie de rasgos que ayudan a identificar la existencia de este problema. Reconocerlo a partir del conocimiento de estos es de especial interés entre los profesores, pues en un número elevado de casos son ellos los que se percatan de que hay un problema en el niño.

Estas características son:
Dificultad para centrar la atención, así como para recordar la información que se les expone de manera oral. Desempeño académico bajo. Problemas de comportamiento. Problemas para seguir instrucciones de múltiples pasos. Habilidad auditiva deficiente; necesita más tiempo para procesar información.

Dificultades del lenguaje (problemas de vocabulario, comprensión...). Para determinar si un niño padece un problema en la función de la capacidad auditiva, se requiere una evaluación audiológica. El papel de la neuroeducación entra en juego una vez se ha detectado, evaluado y diagnosticado el problema, en cuanto a que aporta información sobre cómo el cerebro de estos niños funciona, y cuáles son las estrategias que puede abordar el educador en el proceso de enseñanza para que este sea eficiente y eficaz. Se han identificado varias estrategias para ayudar a los alumnos con problemas de procesamiento auditivo. Cabe señalar la existencia de unos dispositivos electrónicos conocidos como instructores auditivos, que permiten a una persona concentrar la atención y reducir así la interferencia sonora de fondo; uno de los usos más comunes de este tipo de aparatos es en el aula, donde el profesor utiliza un micrófono para transmitir el sonido que el alumno capta a través de unos auriculares. Es también común cuando hay varios alumnos con este problema, la modificación ambiental (la acústica del aula, la ubicación del alumno respecto al profesor...).

En otro tipo de medidas, se encuentran los ejercicios destinados a la mejora de las habilidades y la capacidad auditivas, así como de la memoria auditiva; las técnicas de adiestramiento auditivo pueden ser empleadas por los profesores para solucionar dificultades específicas, aunque es recomendable contar con la guía de profesionales auditivos. Para Lozano y García (1999), existen métodos gestuales que buscan la integración del sujeto afectado en la sociedad oyente. La clasificación de las formas de comunicación de las personas con problemas auditivos para estos autores es la siguiente: métodos orales, métodos gestuales y lengua de signos. Por su utilidad en el aula, se van a especificar algunas de las formas de comunicación citadas. En el aula, son esenciales también las adaptaciones curriculares, las cuales serán más eficaces si responden de manera específica al trastorno del alumno. En este proceso la neuroeducación es esencial. En este caso, las adaptaciones curriculares son ajustes destinados a los alumnos con deficiencia auditiva. Los aportes de las neurociencias en el campo educativo requieren de una reestructuración de la práctica pedagógica, también en lo que a los problemas de audición se refiere, para vincular aprendizaje y cerebro. Este planteamiento es generalizado en la neuroeducación, no sólo en los casos de alumnos con necesidades educativas especiales, pero en estos quizá haga falta un mayor esfuerzo integrador por parte del mundo médico, científico y educativo. Acercar la investigación en laboratorio a la educación, mejorará los programas educativos y por tanto los resultados de los alumnos.

Neurociencia y funcionalidad visual
Los doctores David Hubel y Torsten Wiesel recibieron en 1981 el Nobel en Medicina por sus avances en el conocimiento de la fisiología del sistema visual y la organización funcional del cerebro. Hubel y Wiesel demostraron que las células de la corteza visual tienen la capacidad de detectar solo ciertas imágenes visuales, lo que lleva a afirmar que son selectivas ante los estímulos, y que el patrón de estímulo adecuado varía a lo largo de la vía visual. Las implicaciones de sus estudios fueron revolucionarios, pues dejó de pensarse en la corteza cerebral visual como estructura formada por miles de células que participan

en la reconstrucción de la escena visual. Por otro lado, la neurociencia ha descubierto que nuestro cerebro procesa las imágenes procedentes de la retina de forma similar a como lo hace una cámara al ampliar la resolución de una foto. El ojo humano no es una cámara especialmente efectiva, a pesar de contar con unos 105 millones de fotorreceptores en cada ojo (trasladándolo a una cámara digital sería una resolución de 105 megapíxeles, cuando hay las mejores tiene menos de 50). Toda esa información no puede enviarse al cerebro; de esos 105 megapíxeles es como si sólo mandásemos uno. Esto permite, sin embargo, un gran ahorro de energía, que hace el proceso más rápido y eficiente. Hay que volver a Hubel y Torsten Wiesel por ser los primeros en describir cómo se desarrolla el entramado neuronal que traslada las imágenes de la retina hasta la corteza cerebral.

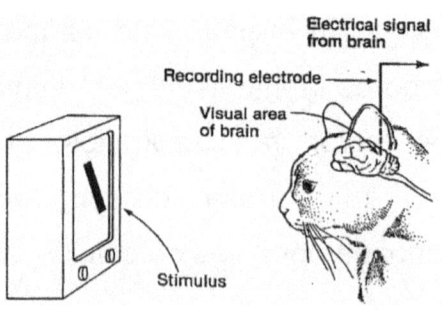

La información pasaba por el núcleo geniculado lateral (Núcleo de relevo) mucha relevancia; se creía que su único rol era desconectar la retina de la corteza para la transición de vigilia a sueño y focalizar la atención de una zona de la imagen de la retina respecto a otras. Hoy se sabe qué hace más, pues incrementa la calidad de la imagen que llega al cerebro. Hay que tener cuenta que el fin de la educación es conocer cómo se lleva a cabo el proceso de aprendizaje para así influir en la conducta de los niños para mejorar y hacer más eficaz su adaptación al medio y su éxito en los estudios. En los casos en los que existe una deficiencia, en este caso auditivo o visual, existen dificultades añadidas como por ejemplo las ligadas al hecho de que el sistema de enseñanza está diseñado para niños sin este tipo de problemas. Sin embargo, conocer el hecho de que toda conducta humana tiene una base biológica dirigida y coordinada por el sistema nervioso, es importante para ayudar al diseño de programas destinados a los sujetos con problemas de discapacidad auditivo-visual; puesto que la educación se lleva a cabo a través de la modificación del cerebro del individuo, conocer las particularidades de cómo funciona el cerebro de cada tipo de alumnos es muy importante para la labor docente. En este sentido, la neuroeducación busca la integración del estudio del desarrollo neurocognitivo con las ciencias de la educación, partiendo de la base de que conocer la manera en la aprende y funciona el cerebro, puede mejorar la práctica didáctica y las experiencias de aprendizaje del alumno.

Cómo mejorar el desarrollo cerebral del niño
El desarrollo cognitivo, social y emocional es posible porque el cerebro es plástico. Sin embargo, es más eficiente en los primeros años de desarrollo. Por eso nos referimos a ellos como periodos sensibles para el aprendizaje. Desde la perspectiva educativa, la plasticidad posibilita poner en marcha mecanismos compensatorios en trastornos del aprendizaje como el déficit de atención e hiperactividad. Tanto los padres como los adultos que estén al cuidado de los niños durante sus primeros meses son clave en el desarrollo cerebral que vaya a tener este. Las funciones cerebrales son una parte fundamental de

los procesos de aprendizaje, y su estimulación adecuada se ha demostrado clave en el éxito educativo futuro. Factores exógenos como la nutrición y los estímulos ambientales (sensitivos, verbales, afectivos y motores) modelan el desarrollo cerebral. En los primeros años de vida, las experiencias negativas pueden dejar daños permanentes que conllevan dificultades de aprendizaje.

FACTORES QUE INFLUYEN EN EL DESARROLLO COGNITIVO DEL NIÑO	
Interacción con iguales y adultos	Salud. Nutrición
Cuidado. Protección. Afecto	Estímulos visuales
Educación	Estímulos del entorno

Fuente: Instituto de la Niñez y la Familia

Del mismo modo, una mala alimentación o un ambiente negativo dificultan el desarrollo neuronal. Son muchos los estudios que demuestran que los niños que se desarrollan en ambientes de carencia emocional y con poco estímulo e interés cultural, tienen dificultades en el posterior proceso de aprendizaje. Aun si la estimulación no es la adecuada los primeros meses, si antes de los 3 años se corrige y se suministra al niño una estimulación verbal, cognitiva, sensorial y afectiva correcta, y una alimentación adecuada, puede darse cierto restablecimiento de las conexiones sinápticas. Por ello, se puede afirmar que el modo en que los padres a sus hijos, determina su plasticidad cerebral. Si los padres son capaces de mantener una estimulación adecuada mediante recursos ambientales (visuales, táctiles, auditivos, de movimientos, espaciales, emocionales...). lograrán un mejor desarrollo cerebral y evitarán consecuencias negativas en el futuro desarrollo cognitivo y emocional. El hecho de que los conocimientos que proporciona la neuroeducación provengan de la neurociencia, una disciplina científica, proporciona a los docentes instrumentos para mejorar, diseñar y justificar su actividad profesional desde la evidencia científica. De esta manera, existen diferentes fundamentos que apoyan acciones concretas que pueden realizar los docentes y las familias para mejorar el aprendizaje del niño, pero yendo más allá, también se puede, como demuestra la ciencia, ayudar al desarrollo cerebral y de las capacidades cognitivas del niño a partir de la aplicación práctica de los conocimientos de la neurociencia. Muchas de las ideas que aporta la neuroeducación no son nuevas; muchos maestros ya las vienen empleando de hace años, pues gracias a la experiencia han comprobado su eficacia.

Ahora bien, la neuroeducación ha venido en estos casos, a aportar la explicación de por qué funcionan (si lo hacen) o no, las diferentes prácticas y planteamientos de la práctica pedagógica, pasando de la intuición a la evidencia científica.

Herencia genética + Entorno = Aprendizaje

Neurociencia y educación emocional

Aprendizaje, emociones y cerebro

Los procesos de comunicación humana son clave para entender la evolución. A lo largo de esta evolución como especie, el ser humano ha desarrollado herramientas cognitivas y emocionales gracias a las cuales se ha asegurado la supervivencia. Gracias al crecimiento del cerebro, la especie humana fue capaz de interactuar con un medio hostil. En este contexto, las emociones han jugado un papel esencial. El miedo, por ejemplo, ha sido clave en la supervivencia, pues gracias a él los primeros homínidos huían de situaciones potencialmente peligrosas. Del mismo modo, la ira preparaba para reaccionar ante un ataque. El cerebro es el responsable de las emociones. El cerebro almacena los diferentes aspectos de cada experiencia en varias regiones cerebrales; en la amígdala se almacenan las emociones de las experiencias. Así, las reacciones emocionales asociadas a una situación quedan en la amígdala asociadas a la experiencia. Los circuitos nerviosos ligados a la amígdala proporcionan respuestas fisiológicas consecuencia de la asociación de una situación presente con una similar pasada. La amígdala recurre a la memoria almacenada para responder de inmediato a situaciones que en la evolución estaban ligadas a la supervivencia y no dejaban cabida al razonamiento. De modo que la respuesta de nuestro cerebro ante situaciones críticas sigue estando controlada todavía a la amígdala. Etimológicamente, el término emoción viene del latín emotio, que hacía referencia al impulso que inducía a la acción. Según la definición del Diccionario de la Real academia de la Lengua española, las emociones son alteraciones del ánimo, intensas y pasajeras, de carácter agradable o no, acompañadas de ciertas reacciones somáticas.

En las últimas décadas, las emociones han pasado de considerarse un elemento perturbador del proceso cognitivo, a ser un facilitador de estos. La capacidad de generar emociones que faciliten el pensamiento positivo e integren lo que sentimos en nuestro pensamiento y actuación, son las claves por las que la inteligencia emocional está erigiéndose como una capacidad esencial en cualquier actividad profesional.

La neurociencia ha demostrado que a la hora de tomar decisiones y de actuar, no siempre nos movemos por la razón; es más, lo hacemos pocas veces. En nuestras acciones la parte emocional del cerebro, localizada en ciertas áreas del cerebro (área límbica, zona temporal medial, núcleo accumbens...), es la que tiene un papel protagonista. Por este motivo, a la hora de ponerse en frente de una clase, el educador debe saber que tanto él como sus alumnos, se mueven, deciden y aprenden influidos por las emociones. El neurólogo Antonio Damasio definió las emociones como un conjunto complejo de respuestas químicas y neuronales que forman un patrón distintivo. Dichas respuestas las produce el cerebro cuando detecta un estímulo que considera emocionalmente competente, bien se trate de un acontecimiento real o imaginario. Este hecho u objeto desencadena una emoción; dichas emociones a su vez conllevan ciertas reacciones o repuestas automáticas, producto de un cerebro preparado evolutivamente para responder a determinados estímulos. El cerebro procesa e integra información que recibe por los canales sensoriales. Lozanov señaló que existían ciertas barreras al aprendizaje, filtros ligados a las emociones que determinan la aceptación o rechazo de la nueva información por parte del estudiante. Estas barreras se pueden activar automáticamente como respuesta de autoprotección ante un determinado estimulo, y pueden darse a nivel consciente o a nivel inconsciente.

Hasta hace unos años (y aún hoy en ciertos ámbitos), la inteligencia se equiparado al cociente intelectual, haciendo referencia exclusiva a las capacidades intelectuales del individuo. En el ámbito académico y escolar, esto aún está presente. Son comunes aun hoy, las pruebas destinadas a medir la inteligencia. La tendencia a establecer etiquetas está viéndose ya superada en los entornos académicos y científicos, pues adolece de un profundo reduccionismo al dar por hecho que un test es suficiente para evaluar la inteligencia. Hoy se asume que la inteligencia no es algo innato y genético, sino que sin ciertas capacidades emocionales es imposible lograr el éxito en la mayoría de las situaciones sociales, laborales y personales. La inteligencia emocional ha abierto todo un nuevo campo de estudio. Goleman (1999) destaca

que el cociente intelectual como medida no es infalible, lo cual ha de tenerse en cuenta en el aula, pues hay casos en que un alumno con alta puntación desempeña su actividad académica de manera negativa y con resultados no satisfactorios; asimismo, personas que puntúan bajo en el cociente intelectual puedan tener mejores resultados académicos. Un estudio neuropsicológico con estudiantes de cociente intelectual superior a la media mostró que la mayoría presentaba impulsividad, desorganización, ansiedad o pobre rendimiento académico; esto se asocia a un escaso control del sistema límbico, encargado del control de los impulsos. Estos déficits emocionales no son cuantificados en los test del cociente intelectual, pues estos se basan en la evaluación de competencias teóricas y limitadas. Por otro lado, los estudios de McClelland encontraron que quien que más sobresalía en su trabajo, tenía competencias emocionales superiores a la media, y no competencias de carácter cognitivo. El cerebro procesa e integra información que recibe por los canales sensoriales. Lozanov señaló que existían ciertas barreras al aprendizaje, filtros ligados a las emociones que determinan la aceptación o rechazo de la nueva información por parte del estudiante. Estas barreras se pueden activar automáticamente como respuesta de autoprotección ante un determinado estimulo. Estas barreras pueden darse a nivel consciente o a nivel inconsciente. De estas barreras depende en gran parte el aprendizaje.

La memoria es un concepto esencial para el aprendizaje. En los últimos años, se ha descubierto que el cerebro no es estático, sino que está constantemente desarrollando nuevas conexiones neuronales, a medida que se obtienen nuevos conocimientos, que se aprende. Estos cambios se producen en zonas cerebrales determinadas, como el hipocampo, estructura cerebral relacionada con los procesos de la memoria. E el proceso por el que el cerebro almacena información constituye la memoria, mientras que el proceso por el cual el cerebro se adapta a esta, se denomina aprendizaje. Uno de los estímulos que más favorece el desarrollo cerebral es el éxito. A nivel neurológico cuando se obtiene una recompensa, el cerebro reconoce lo que ha hecho bien y se producen cambios cerebrales que nos llevan a repetir los mismos pasos con los que hemos conseguido dicha recompensa. De esta manera, ese refuerzo queda almacenado en la memoria, creando un recuerdo fuerte asociado al hecho causante del éxito. Cuando un alumno es reforzado al obtener un éxito, por pequeño que sea el logro, se impulsa su aprendizaje.

Educación emocional

Ya en 1994, la publicación de la obra The Bell Curve (Herrnstein y Murray, 1994), causó una gran polémica en Estados Unidos; en esta, se justifica la importancia del CI para comprender las clases sociales, con una visión elitista. Según los autores, la inteligencia sigue una curva de distribución normal: pocos muy inteligentes, muchos en el medio, y unos pocos con poca inteligencia. En este ambiente y un año después, sale a la luz la obra de Goleman (1995), Emotional Intelligence, una reacción a elitismo de The Bell Curve. Goleman contrasta la inteligencia emocional con la general, afirmando que puede ser más importante. Uno de los aspectos más revolucionarios fue que las competencias emocionales se pueden aprender; Goleman toma una postura igualitaria. Desde entonces la inteligencia emocional ha sido redefinida por diversos autores.

Para Salovey y Mayer (1997: 10): «La inteligencia emocional incluye la habilidad de percibir con precisión, valorar y expresar emoción; la habilidad de acceder y/o generar sentimientos cuando facilitan pensamientos; la habilidad de comprender la emoción y el conocimiento emocional; y la habilidad para regular las emociones para promover crecimiento emocional e intelectual".

Mayer, Salovey y Caruso (2000) reformulan el constructo como un modelo de cuatro ramas interrelacionadas:

- Percepción y expresión de las emociones.
- Integración emocional en el sistema cognitivo.
- Comprensión emocional: Señales emocionales en relaciones entre personas.
- Regulación emocional.

La teoría de Goleman (1995) es la más difundida. Considera que la inteligencia emocional es:

- Conocer las propias emociones.

- Manejar las emociones: habilidad para manejar los propios sentimientos para que se expresen de forma apropiada.

- Motivarse a sí mismo: para impulsar una acción, automotivarse.

- Reconocer las emociones de los demás.

- Establecer relaciones.

Posteriormente, en 2002, el psicólogo estadounidense Daniel Goleman, propuso un modelo de inteligencia emocional que incluyó cuatro aptitudes agrupadas en dos grandes tipos de competencias: la personal y la social.

Competencia Personal

Conciencia de uno mismo. Conocer tus propias emociones, tus fortalezas, tus debilidades y tus motivaciones.

Se sustenta en tres valores principales: La conciencia emocional, la valoración personal y la confianza en uno mismo.

Autogestión: Consiste en regular esos afectos y emociones

para después aplicarlos en diferentes contextos sociales de la forma más adecuada, dependiendo de la situación.

Competencia Social

Conciencia de los demás, de sus necesidades y deseos. Ser capaz de identificar los sentimientos de otras personas y tenerlos en cuenta a la hora de tomar decisiones. Esta capacidad de ponerse en lugar de otra persona es lo que se conoce como "Empatía".

Gestión de relaciones: Regular las emociones ajenas y dirigirlas en la dirección deseada. Se deben crean vínculos verdaderos y se ha de tener capacidad para la resolución de conflictos.

La educación emocional debe tener un carácter participativo porque requiere de la acción conjunta y cooperativa de todos los que integran la estructura académico-docente.

Esta debe ser revisada de una manera particular y así como de una manera social, debe ser flexible y así permitir al individuo adaptarse a diversas circunstancias de la mejor forma posible.

Podemos concluir ante lo visto, que la educación emocional persigue los siguientes objetivos generales:

a. Mejorar el conocimiento de las emociones propias.

b. Ser capaz de identificar las emociones de los demás (Empatía).

c. No solamente conocer nuestras propias emociones sino también ser capaces de regularlas para adaptarlas a diversas situaciones.

d. Anular los efectos de las emociones negativas.

e. Ser capaces de generar emociones positivas.

f. Desarrollar la habilidad de ser capaz de relacionarse emocionalmente de manera positiva con los demás.

Para desarrollar la inteligencia emocional debemos tener en cuenta sobre todo dos contextos: El familiar y el Escolar.

El contexto familiar. Cualquier tipo de educación comienza en el seno familiar. Los hijos aprenden a través del ejemplo. De acuerdo con Goleman (1996), la familia es la primera escuela donde tiene lugar el aprendizaje emocional, y sostiene que este aprendizaje tiene un fuerte impacto en el niño ya que durante la infancia el cerebro tiene su máxima plasticidad. Gottman y Declaire sugieren a los progenitores que:

- Ayuden a los niños a identificar emociones.
- Reconozcan la emoción como oportunidad para el descubrimiento.
- Conecten con los sentimientos del niño a través de la empatía.
- Ayuden a los hijos a verbalizar sus estados emocionales.

El contexto Escolar. El maestro emocionalmente inteligente debe contar con los recursos emocionales que acompañen el desarrollo afectivo de sus alumnos. Con ello, establece un vínculo saludable y cercano con ellos, comprende sus estados emocionales, y les enseña a conocerse y a resolver los conflictos cotidianos de forma conciliadora y pacífica. El docente debe tener como finalidad formar estudiantes que gestionan bien las emociones. Para que el profesor pueda asumir este reto es necesario que sea emocionalmente competente. Según Rudduck, Chaplan y Wallace (1996) existen rasgos a nivel de inteligencia emocional para ser un buen profesor:

- Respetar al alumno como personas y tener capacidad de empatizar.
- Son justos con todos los alumnos.
- Dan seguridad.
- Promueven retos para aprender.
- Facilitan la autonomía.
- Prestan apoyo social.

El concepto de emoción. El Dr. Joseph Le Doux, del Centro de Neurología de la Universidad de Nueva York, explica: "Para la ciencia ha sido muy difícil estudiar la emoción. El concepto de emoción ha sido intangible. Pero sí se puede analizar cómo el cerebro procesa estímulos emocionales para producir una respuesta emocional". Por su parte, el neurólogo Antonio Damasio definió las emociones como un conjunto complejo de respuestas químicas y neuronales que forman un patrón distintivo. Dichas respuestas las produce el cerebro cuando detecta un estímulo que considera emocionalmente competente, bien se trate de un acontecimiento real o imaginario.

Este hecho u objeto desencadena una emoción; dichas emociones a su vez conllevan ciertas reacciones o repuestas automáticas, producto de un cerebro preparado evolutivamente para responder a determinados estímulos. Para hablar de educación emocional hay que saber qué es una emoción y sus implicaciones prácticas. Las emociones se producen siguiendo un patrón:

- Informaciones sensoriales llegan a los centros emocionales del cerebro.
- Se produce una respuesta neurofisiológica.
- El cerebro (neocórtex) interpreta esa información.

Una emoción es un estado complejo del organismo caracterizado por una excitación o perturbación que predispone a una respuesta organizada (Ibid.: 12).

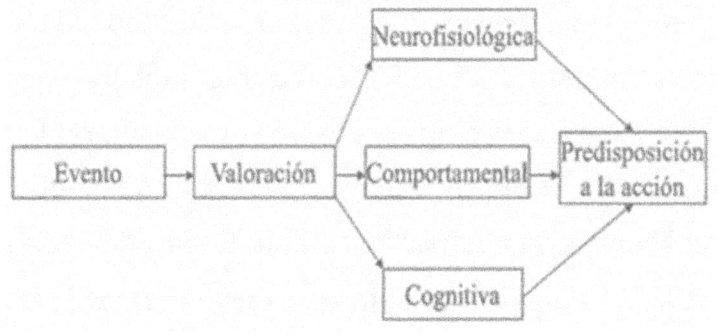

Concepto de emoción

Las emociones se son una respuesta a un acontecimiento externo o interno. La reacción del cerebro cuando se produce una emoción sucede de manera no consciente. Las emociones tienen tres componentes: neurofisiológico, conductual, cognitivo. El componente neurofisiológico es la respuesta física que se produce de forma involuntaria (taquicardia, sudoración, rubor...). Es interesante la relación que se ha establecido (Bisquerra, 2003) entre los tres componentes y la clasificación de objetivos didácticos.

«Hechos, conceptos y sistemas conceptuales» → Dimensión cognitiva.

«Procedimientos» → Comportamiento.

«Actitudes, valores y normas» → Dimensión emocional.

Sorpresa y aprendizaje

El aprendizaje es primordial para el desarrollo periodo escolar y académico del individuo. Existen un gran número de estudios que indican que el factor sorpresa es un elemento muy presente en el aprendizaje durante la infancia, pero que a partir de la adolescencia parece perder fuerza. En la actualidad el interés del papel de la sorpresa en el aprendizaje de los adolescentes y la manera de desarrollar e implementar métodos didácticos que la potencien, es creciente en el entorno educativo.

Existen numerosas teorías y modelos que tratan de dar explicación a la forma en la que los humanos aprendemos. El aprendizaje, tiene siempre lugar dentro de un paradigma conductual, y el mismo es reforzado y mantenido a largo plazo, cuando confluyen una serie de situaciones extrínsecas e intrínsecas. Cuando el cerebro recibe estímulos inesperados, se desencadena un proceso de síntesis proteica que hace que lo aprendido durante ese período se recuerde por más tiempo.

Algunos expertos mantienen pues, que el aprendizaje se da gracias al efecto sorpresa de acontecimientos inesperados y no con los acontecimientos que se prevén. Una de las teorías sobre la importancia de la sorpresa en el proceso de aprendizaje es el modelo de Robert Rescorla y Allan Wagner (Rescorla y Wagner, 1972; Wagner y Rescorla, 1972). Este modelo, de tipo asociativo, asume que en un ensayo de condicionamiento el aprendizaje sólo tiene lugar si el estímulo incondicionado es sorprendente. Rescorla y Wagner sugieren en su teoría que la fuerza asociativa entre un estímulo condicionado y uno no condicionado (aquel que provoca reacciones sin necesidad de aprendizaje) aumenta en cada ensayo de aprendizaje hasta que el estímulo condicionado predice completamente el incondicionado y éste deja de ser sorprendente. Si el EI no se espera (es decir, si es sorprendente), se aprenderá algo sobre los EC que lo precedieron (necesita aprender para predecir mejor en un futuro). En el 2001, un grupo de investigadores británicos y australianos detectó mediante imágenes de resonancia magnética funcional la zona del cerebro que se activa durante el aprendizaje basado en hechos impredecibles. Esta región va perdiendo actividad a medida que el individuo se familiariza con las tareas, pero la vuelve a recuperar en el momento que se produce otro hecho imprevisto. El estudio fue publicado en la revista Nature Neuroscience y en él se reveló también que la región cerebral que está implicada en el aprendizaje está a su vez involucrada también en la toma de decisiones basada en las emociones.

Neuroeducadores

Formando nuevos profesionales: Neuroeducadores

El neuroeducador ha de ser un nexo entre el conocimiento del cerebro y el desarrollo práctico de los procesos de enseñanza y aprendizaje, el encargado de llevar los avances de la neurociencia al aula. El concepto de neuroeducador toma fuerza en la actualidad por el propio avance de la neurociencia en la enseñanza. Un neuroeducador sería aquella persona con una preparación capaz de ser un maestro-especialista, con conocimientos sobre el cerebro que le permitiera analizar y evaluar programas de enseñanza que se ofertan en los colegios, y detectar los principios, estrategias e ideas erróneas (Mora, 2014) así como las que funcionan. Sería pues, una persona con perspectiva multidisciplinar, encargado de aunar el conocimiento del cerebro con la práctica de los procesos de enseñanza y aprendizaje, de aplicar los avances de la neurociencia al aula. Por otro lado, uno de los papeles principales del neuroeducador ha de ser la detección de los problemas de aprendizaje en los niños, y el establecimiento y coordinación de un plan de acción basado en los conocimientos de la ciencia sobre el funcionamiento del cerebro, para poner solución a estos. Esta solución ha de estar enfocada en tres ámbitos, que, aunque coordinados por el neuroeducador, requieren de implicación de la familia, el profesorado y los orientadores escolares (en algunos casos se requiere ayuda extra como psicólogos, etc.). Jensen ha planteado diversas investigaciones encaminadas a conocer el cerebro en cuanto al proceso de enseñanza-aprendizaje. De sus estudios se pueden sacar varias conclusiones encaminadas a la mejora de la enseñanza, y que para él deberían ser conocidas y aplicadas en la mayor medida posible, por los educadores, convirtiéndose así estos en neuroeducadores.

Estas son (Jansen, 2004:11):

- Cambio del momento de comenzar la escuela
- Nuevas políticas para crear un nuevo modelo de disciplina escolar
- Cambio en los métodos de evaluación.
- Estrategias de enseñanza actualizadas.
- Prioridad presupuestaria

- Entornos del aula adaptados y motivadores.

- Uso de la tecnología (Tics) integradas en el proceso de enseñanza.

En el caso del colegio o instituto, el neuroeducador debe jugar un rol complementario al del profesor, o bien ser el propio profesor el que adquiera conocimientos que le permitan convertirse en neuroeducador. De una u otra forma, el neuroeducador debe no solo comprender la rutina diaria y el funcionamiento práctico de la enseñanza, además de conocer la neurociencia; así, logrará crear y mejorar los programas de enseñanza en las aulas.

Aunque hoy en día no existe un programa específico para formarse como neuroeducador, Mora (2014) propone una serie de materias básicas que se deberían cursar para convertirse en profesionales de la neuroeducación. Estas serían: conocimientos de anatomía y fisiología del funcionamiento del cerebro, fisiología del desarrollo cerebral, conocimientos básicos de psicología, estudio de los procesos de aprendizaje, memoria y atención. Además, propones tener nociones de neuropsicología, y de aquellas disfunciones producidas por lesiones cerebrales sutiles.

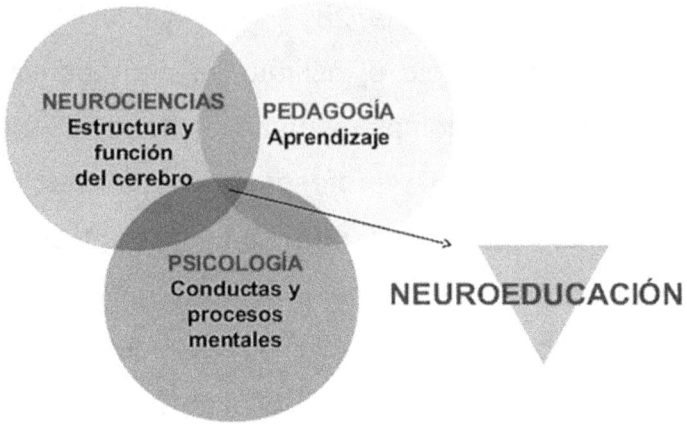

En resumen, tendrían que estudiar materias de ramas tan dispares como la educación, la psicología, la neurología o la medicina. En un experimento muy conocido de Ambady y Rosenthal (1993), los investigadores mostraron vídeos mudos de diferentes profesores a alumnos para que los evaluaran únicamente a través de las imágenes observadas. A los segundos de ver al profesor, las valoraciones de los alumnos eran ya similares entre sí, y similares a las de los estudiantes que habían estado un semestre en clase con dicho profesor. Este estudio refleja de manera clara la capacidad del alumno para catalogar a un profesor, pero también para determinar qué profesor considerará beneficioso para su proceso de aprendizaje. Con este estudio se revela la importancia de la comunicación no verbal en las relaciones en el aula, la importancia pues del ingrediente emocional.

Otro estudio realizado a una muestra de 39 alumnos de primero de bachillerato pidió que dieran un máximo de tres rasgos ellos consideraban que caracterizan a un buen profesor.

Las respuestas fueron estas:

Como se observa, los alumnos creen que la calidad y el valor del profesor no se restringen meramente a cuestiones académicas, sino que, aun siendo importantes, han de acompañadas por habilidades socioemocionales como la empatía (preocupación por el alumno), la capacidad de entender las problemáticas personales y académicas de los alumnos, o el propio carácter (es simpático).

A partir de los diferentes estudios, se puede deducir que existen ciertas características que definen a un buen profesor, desde el punto de vista de la neuroeducación:

-Tiene vocación, disfruta de su profesión, y es consciente de su responsabilidad y trascendencia. Como dijo Spitzer, el profesor es el instrumento didáctico más importante (Spitzer, 2005).

-No sólo conoce su materia, sino que reflexiona sobre ella y hace partícipes a los alumnos sobre la importancia del saber en esa disciplina (Bain, 2007). Esta actitud le permite optimizar la atención del alumno.

-El buen profesor transmite entusiasmo por lo que hace y fomenta así el aprendizaje significativo. Este interés facilita un aprendizaje por imitación y activa las áreas cerebrales que nos mantiene atentos.

-Potencia la autonomía. Uno de los principales objetivos de la educación es la que el alumno sea partícipe del proceso. La neurociencia ha demostrado que la curiosidad es esencial para el aprendizaje, pues hay mayor activación del lóbulo frontal ante una tarea novedosa. Para Mora (2013) mediante el estímulo emocional se logra facilitar la atención para el aprendizaje.

-Fomenta la creatividad. El buen profesor no se queda en la memoria y sabe que el aprendizaje requiere interés, emoción. Va más allá de la teoría y utiliza estrategias que fomentan un pensamiento creativo, crítico y flexible.

-Conoce y estimula las fortalezas y capacidades de sus alumnos, a partir de la proposición de retos adecuados.

-Es necesario partir de los conocimientos previos del alumno y construir conocimiento desde lo que ya se conoce.

-Ve el error como parte del proceso de aprendizaje y lo acepta de forma natural.

Reconoce los logros del alumno, elogiar su esfuerzo y no sus capacidades. Con ello activa el sistema de recompensa cerebral y hace que al alumno tenga motivación por seguir mejorando.

"Los verdaderos desafíos a los que se enfrenta la educación sólo se solucionarán confiriendo el poder a los profesores creativos y entusiastas y estimulando la imaginación y la motivación de los alumnos". *(Robinson, 2011).*

Influencias de las nuevas tecnologías en el cerebro
El cerebro tiene capacidades limitadas, y como tal es capaz de procesar una cantidad limitada de información. Como se ha explicado, para que se produzca conciencia de cualquier hecho, o se dé conocimiento, ha de haber previamente atención (los estímulos son muy numerosos y sólo podemos captar aquel que atrae nuestra atención); es también necesaria, sin embargo, la llamada memoria de trabajo (capacidad de retener información hasta que es 'usada'). Esta memoria tiene, lógicamente, capacidad finita y es muy susceptible a las interferencias. Crecer entre tecnología no hace ser más inteligentes, a pesar de que sí es cierto que

potencia y desarrolla la capacidad de hacer varias cosas a la vez (multitarea). En la actualidad estamos asistiendo a un periodo de hiperestimulación debido a las nuevas tecnologías. El cerebro se ve expuesto a cantidades enormes de datos, que llegan a través de los sentidos de forma simultánea. En neurociencia se denomina "alternancia continuada de la atención" al proceso por el que el cerebro dedica un tiempo (minutos o segundos) a realizar una tarea, y luego a otra; el cerebro no puede efectuar dos acciones al mismo tiempo si estas implican las mismas áreas cerebrales, no con efectividad completa. Por ejemplo, si escuchamos una canción en inglés mientras leemos un libro, no realizamos ninguna de las dos tareas al 100%, pues implican la misma zona cerebral, lo que produce una alternancia en el foco de atención debida. Es cierto que cuando realizamos varias acciones, el cerebro es capaz de captar de forma superficial mucha información, sin embargo, no es capaz de retenerla o analizarla. Precisamente es la capacidad de atender a varias cosas a la vez, de ser más multitarea, la principal ventaja que se atribuya al crecimiento del uso de la tecnología. Sin embargo, cuando se llevan a cabo diversas actividades, el desempeño de estas es menos eficiente; la tecnología ha mejorado la capacidad de cambiar el foco de atención más ágilmente, pero con el subsecuente empeoramiento de la memoria de trabajo. La atención se desarrolla en la corteza prefrontal, encarga también del autocontrol. El bebé comienza a prestar atención desde que nace, pero con el tiempo, la educación logra orientar su voluntad para que sean capaces de focalizar su atención de forma voluntaria, en ciertos estímulos sobre otros. Si en el periodo de la infancia los niños tienen acceso sin control a smartphones, tabletas, etc., su atención se desvía. La exposición excesiva a estos instrumentos inhibe el correcto funcionamiento de la atención y la concentración. Por otro lado, diferentes estudios han puesto de manifiesto que la hiperconectividad está íntimamente relacionada con la hiperactividad y los TDAH. La hiperestimulación derivada de las nuevas tecnologías, principalmente de internet, tiene consecuencias en los niños y los jóvenes. El gran número de estímulos merma su curiosidad, motivación y creatividad. Cada vez más niños padecen dispersión, les cuesta un gran esfuerzo concentrarse en leer un libro.

Las nuevas tecnologías plantean problemas muy diferentes y de diversa índole.

Se habla de mal uso cuando las TIC (tecnologías de la información y la comunicación) se emplean con fines delictivos o perjudiciales para el niño o adolescente. Uno de los temas que más preocupan en el mundo escolar actual es el ciberbullying o acoso entre menores en la Red (chantaje, insultos, amenazas…). Es también preocupante el progresivo aumento del tiempo dedicado a las tabletas, móvil, ordenadores que además de restar tiempo a otras tareas básicas tanto formativas como sociales, pueden llegar a generar dependencia o adicción, lo que supone una alteración en la vida del niño con repercusiones en el ámbito escolar y social. Las principales consecuencias de la adicción son:

- – Problemas de relación familiar.
- – Empeoramiento de los resultados académicos.
- – Desinterés por otras cosas o actividades.
- – Distorsiones cognitivas: Pierden contacto con la realidad.

– Pérdida del interés por las relaciones presenciales.

La neurocomunicación en las aulas

La neurocomunicación consiste en aplicar diferentes técnicas propias de la neurociencia para conocer y analizar las reacciones de nuestro cerebro al someterse a determinados mensajes o estímulos.

La neurocomunicación es una subespecialidad de la neurociencia y tiene como objetivo determinar la forma más adecuada y efectiva de llegar a un interlocutor concreto, teniendo en cuenta la base cerebral del funcionamiento del proceso comunicativo en general y del interlocutor en particular.

En el escenario escolar y académico, se traduce en cómo comunicarnos con los alumnos para que este proceso sea lo más eficiente posible y obtengamos el máximo aprovechamiento por parte del alumno. Tiene en cuenta las características del grado de desarrollo cerebral en cada etapa, así como las características de cada alumno. La neurocomunicación usa diferentes técnicas de neurociencia para analizar las reacciones que se producen en el cerebro tras la recepción de mensajes orales o escritos, que son los estímulos. Esta disciplina estudia cuáles son las zonas del cerebro relacionadas no sólo con la recepción o la emisión y creación de los mensajes que forman la comunicación, sino con el propio comportamiento en el momento de tomar una decisión derivada del proceso comunicativo; es decir, se encarga de estudiar tanto las decisiones relativas a la propia creación y emisión del mensaje (finalidad, que se busca, cómo el cerebro selecciona los recursos lingüísticos y cómo los elabora...), como la interpretación que hace el oyente y cómo afecta su comportamiento. En definitiva, puede decirse que la neurocomunicación desde el punto de vista de la neurología, la capacidad del hombre para crear, emitir, recibir e interpretar mensajes.

Desde un punto de vista más científico, la neurocomunicación se puede definir como el conjunto de estudios de carácter científico, que versan sobre cómo a nivel nervioso (a nivel cerebral y sensorial) se reciben e interpretan los estímulos que experimenta una persona en el proceso de comunicación. Basándonos en diferentes estudios, podemos establecer una serie de estrategias destinadas a lograr que los mensajes tengan una mayor influencia. Este conocimiento es de gran utilidad en el panorama académico, sobre todo por la mejora que puede suponer su conocimiento en la actividad docente. Se reconocen así tres pilares básicos:

-Atención y recuerdo. La neurociencia estudia a través de diferentes herramientas, la incidencia de cada parte del cerebro en la toma de decisiones. La enorme cantidad de información a la que se ve sometido un sujeto en su día a día y su rutina, hace que el cerebro a se vea obligado a desarrollar estrategias y mecanismos para seleccionar los que considera como prioritarios en cada momento. Nuestro cerebro aplica filtros a los estímulos de diferente naturaleza (Vera, 2010) y la selección de los estímulos dependerá tanto de factores internos como externos. Cuando en clase el profesor quiere que el alumno reciba su mensaje, ha de ser capaz de atraer la atención de este más de lo que lo hacen el resto de los estímulos. Para lograr que el receptor se interese por tu mensaje, es fundamental captar la atención. Pero no menos importante es favorecer el recuerdo de lo que se comunica; a este respecto es básico que lo que se transmita esté contextualizado y que se relacione con algo que el oyente, en este caso el alumno, conozca previamente.

-Influencia. Por influencia se entiende la capacidad de un discurso o información, para posicionarse por encima de otro. La información que se transmite puede ser de carácter imperativo, pero el interés de la neurocomunicación se da en cómo todos los mensajes, independientemente de su finalidad de orden directa o no, tienen la capacidad de influir en el receptor.

Relación de la neurocomunicación y la PNL

La PNL se basa en que el cerebro interpreta lo que sucede en el mundo a través de su propia experiencia, es decir que la interpretación de los estímulos es personal y depende de la realidad de cada uno.

Evidentemente, hay una base científica que es el propio funcionamiento del sistema nervioso y del cerebro, pero es cierto que todos tenemos creencias diferentes acerca de las cosas. Esta situación es relevante también en el proceso comunicativo, sobre todo en la interpretación de los mensajes.

La PNL distingue entre los comportamientos y las intenciones, es decir, entre lo que realmente hacemos y lo que querríamos hacer. Existe una intención también detrás de todo lo que decimos. Se pretende que una comunicación genere un efecto, pero el mismo depende no solo de la emisión del mensaje sino de la propia interpretación del receptor, que en educación es el alumno. Lo más habitual es echarle la culpa al receptor. Es muy importante tener claro cuál es el objetivo por lograr con el proceso comunicativo. Este objetivo debe ser preciso para emplear los recursos adecuados a nivel comunicativo. Las teorías tradicionales de la educación se basaban la comunicación unidireccional, en procesos de transmisión de información de maestro a alumno mediante la codificación por parte del emisor y la descodificación del receptor. No había lugar a respuesta ni feedback. Lo importante era que el mensaje tuviera un contenido adecuado, sin importar la interpretación del receptor (alumno). Hoy sin embargo se mantiene la idea de que el mensaje debe generar atención, interés y acción. Para eso el mensaje debe ser comprensible y creíble, pero igual de importante es cómo se transmite y por qué canal.

La finalidad de la comunicación en el aula es que el alumno aprenda.

Pero el profesor debe tener en cuenta que la información que transmite no es procesada e interiorizada tal cual; en el proceso de interiorización, y teniendo en cuenta que el alumno presta su atención al mensaje y no a otro estímulo se producen diversas distorsiones (la mente reordena la información, la asemeja lo que conoce, omite datos difíciles de entender…).

Además, la nueva información tiene la capacidad de alterar los recuerdos.

Merece la pena citar que el ser humano es la única especia capaz de desarrollar la metacognición, o lo que es lo mismo, la capacidad de pensar sobre el propio pensamiento y de hablar sobre el propio proceso de habla y con uno mismo.

Esta habilidad permite reflexionar sobre los propios pensamientos y decisiones y evaluar las ideas y los actos.

La neuroarquitectura en las aulas y en los centros educativos

Estudios de resonancia magnética funcional han demostrado que los individuos sometidos a estrés y ansiedad presentan un grado de actividad mayor a la media, en áreas del cerebro ligadas a las emociones (amígdala, corteza cingulada...). Ambas áreas del cerebro tienen la propiedad de producir reacciones fisiológicas ante ciertas emociones, de manera inconsciente. ¿Hasta qué punto esto no incide en la intimidad familiar e influye en el niño y su educación? Hay autores que afirman que toda percepción genera reacciones emocionales, en muchos casos sutiles y casi imperceptibles. Uno de los pioneros de la neuroarquitectura, De Hölscher, afirmaba:

"Estudio cómo el cerebro entiende el espacio. Mi propósito es entender, describir y predecir cómo se comporta la gente en los espacios para transmitirles a los arquitectos y diseñadores la manera de mejorar la concepción de grandes edificios". Ya anteriormente,

el pedagogo italiano Loris Malaguzzi, decía que los niños tienen tres maestros: el primero, los adultos (padres, profesores...); el segundo, los otros niños; y el tercero, el entorno construido (su casa, su centro educativo, su ciudad…). El centro y el aula constituyen un instrumento del aprendizaje, y por eso es necesaria su estructuración y organización. De la importancia del espacio y la necesidad de gestionarlo para lograr fines sobre la persona, aparece la neuroarquitectura. La neuroarquitectura es una ciencia (reciente) que busca comprender cómo el espacio afecta a la percepción y las emociones, a través de la neurociencia. Estudios diversos han demostrado su importancia y justifican su creciente interés; por ejemplo, se ha constatado que las capacidades cognitivas de los ancianos en las residencias mejoran un 20% cuando se incrementa la potencia de la luz; del mismo modo, los enfermos ingresados En hospitales se recuperan antes si estos tienen vistas a un parque o a la naturaleza. La neuroarquitectura defiende que las construcciones arquitectónicas tienen efectos en las emociones. Uno de los campos donde más relevancia está cobrando este nuevo campo, es en la educación. Los colegios, institutos o cualquier edificio destinado a la enseñanza son unos de los espacios que más preocupación despierta por sus efectos en los usuarios. Durante los años de educación, el cerebro de los alumnos absorbe inconscientemente lo que le rodea, incluido su entorno material. El nivel de luz, el uso de la luz natural, la temperatura, la humedad o los niveles de ruido son elementos que la neuroarquitectura tiene en cuenta y que son esenciales en el diseño del aula. Si bien es cierto que antes del interés actual por el cerebro estos factores eran tenidos en cuenta, hoy en día, las herramientas propias de la neurociencia han posibilitado conocer cómo reacciona el cerebro ante los citados estímulos.

Espacios diseñados por la neuroarquitectura vs. Aula tradicional

Dentro de la neuroarquitectura, como se ha señalado previamente, se centra desde su nacimiento en el año 2004, en el estudio de los entornos de enseñanza. Arquitectos en diálogo con neurocientíficos, estudian de manera cuidada en diseño de colegios y centros con orientaciones y espacios innovadores que favorecen las fuentes de luz natural, los espacios abiertos o la distribución de los sonidos.

La neuroarquitectura se basa en trasladar a la creación de espacios los conocimientos de cómo funciona el cerebro; con ello se espera crear en los colegios que mejoren el bienestar de los niños y potencien su aprendizaje facilitándoles el proceso de atención, por ejemplo. Estos nuevos edificios, por tanto, además de dar importancia al diseño arquitectónico, contemplan otros elementos clave como la luz, la temperatura y el ruido, pues influyen en el rendimiento de los estudiantes. Uno de los expertos internacionales en este campo, Ken Robinson, señala que en la sociedad actual la creatividad es tan imprescindible como la alfabetización, pues la capacidad creativa es la mayor herramienta de adaptación y generación de ideas. Y la creatividad requiere de entornos adecuados que la favorezcan, lugares abiertos, flexibles y no cerrados u obsoletos. El foco de atención en los espacios de aprendizaje queda pues justificado. El sistema de enseñanza tradicional enseñaba a gran cantidad de alumnos en el mismo espacio y con los mínimos recursos posibles. Aunque muy útil y eficaz para lograr una masiva escolarización, hoy en día la escuela debe ir un paso más allá, pues las necesidades de la sociedad han cambiado y la educación ha de dar respuesta a las nuevas necesidades sociales. Este nuevo modelo educativo requiere de nuevos espacios de aprendizaje que, aprovechando los conocimientos sobre el cerebro que posibilita la neurociencia, logren un proceso de aprendizaje más eficaz. Según un estudio realizado por la Universidad de Salfor, los espacios pedagógicos en los que se tiene en cuenta el diseño mejoran el aprendizaje un 25%.

La neurodidactica y la neuroarquitectura han estado muy relacionadas desde su nacimiento como ámbitos de la neurociencia. La fusión de ambas produce una conexión entre el cerebro, el espacio y el proceso de enseñanza-aprendizaje, y facilitando que este proceso sea más eficaz, y se potencie el desarrollo de las capacidades creativas de alumnos y profesores. Está demostrado que cuando se crean distintos espacios, se generan diferentes emociones, por lo que las aulas diseñadas bajo las premisas de la neuroarquitectura incrementan la curiosidad y la atención, base de todo aprendizaje. Otros de los elementos clave de este nuevo tipo de espacios educativos que deben incorporarse, la innovación, el juego, la accesibilidad, la integración de la tecnología, y la atención a los sentidos.

Al respecto de la neuroarquitectura, Francisco Mora señala (Mora, 2013):

"Pensamos que, tras el nacimiento, y en solo tres años, el cerebro de un niño aumenta más de medio kilo en una vorágine en que se crean nuevos contactos sinápticos y construyen circuitos neuronales que codifican para funciones específicas.

¿Hasta qué punto todo esto no influye, disminuye o incluso pudiera apagar la luz abierta de la mente de

un niño? ¿Acaso no estamos aprendiendo ya, de forma firme, la tremenda interdependencia del cerebro con el medio que le rodea, siempre dirigido al aprendizaje del entorno y solo para salvaguardar la supervivencia del individuo?"

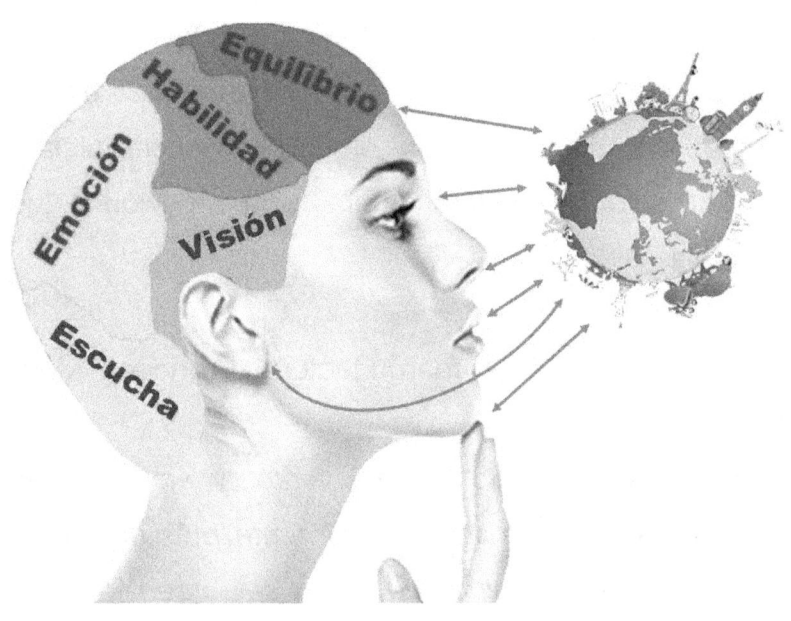

Creatividad

Mitos asociados a la creatividad

- Para ser creativo, hay que ser totalmente original.

- Los artistas y los científicos son las únicas personas creativas.

- Se necesita un alto coeficiente intelectual para ser creativo.

- La creatividad significa producir algo tangible.

- La originalidad es innata.

- La creatividad es fácil.

- La creatividad es sólo para los jóvenes.

- La creatividad es "buena".

- Las personas creativas son neuróticas y/o locas.

- Los genios creativos son expertos en todos los temas.

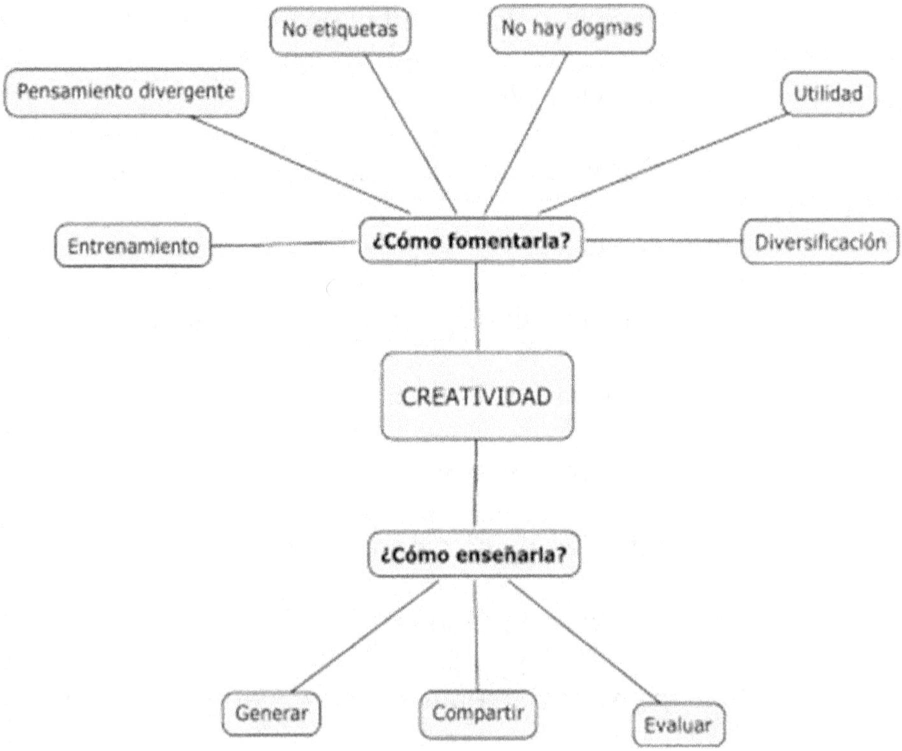

No etiquetas

No hay dogmas

Pensamiento divergente

Utilidad

Entrenamiento

¿Cómo fomentarla?

Diversificación

CREATIVIDAD

¿Cómo enseñarla?

Generar

Compartir

Evaluar

Test de Torrance

El test de Torrance es un test de pensamiento creativo que constituye un método de referencia para medir la creatividad.

Consiste en una prueba verbal en la que se pide a los participantes que enumeren usos inusuales para objetos comunes y otra figurativa en la que se les pide que incorporen formas simples o abstractas en dibujos más complejos.

Los criterios utilizados para el proceso de evaluación de las respuestas y que nos pueden servir de referencia para estimular los procesos creativos son los siguientes:

– Fluidez: se tienen muchas ideas.

– Flexibilidad: se piensan diferentes formas de proceder.

– Originalidad: se piensan aspectos únicos.

– Elaboración: se piensan complementos a la idea que se ha tenido.

Torrance con este test quiso medir 4 elementos del proceso de pensamiento creativo: la fluidez (número de ideas), flexibilidad (las diferentes categorías de ideas producidas), originalidad (lo poco común o infrecuente de una idea) y la elaboración (desarrollo de una idea).

El test tenía dos partes con tres actividades cada una.

Parte verbal que requería una respuesta escrita y una parte figurativa que requería una respuesta dibujada.

Primera parte:

Prueba de preguntas y respuestas: se les mostraron fotos de personas realizando una acción. Los niños tenían que escribir respuestas en relación a por qué motivos imaginaban que estaban realizando esa acción y sobre las consecuencias que tendrían esas acciones.

Prueba de mejora de productos: a partir de fotos de un juguete de un animal, los niños tenían que enumerar una lista con diferentes maneras de cambiar ese juguete y mejorarlo.

Prueba de usos inusuales: a partir de varias cajas con diferentes formas los niños tenían que escribir una lista de diferentes formas de uso y utilidades de las cajas.

Segunda parte:

Prueba de construcción de imagen: se les pedía que pintaran el cuadro más interesante y creativo que incluyera una forma de plátano pegada que formara parte del cuadro.

Prueba de completar la imagen: se les ofrecía varias figuras incompletas que debían ser completadas.

Prueba de círculos: a partir de una serie de círculos tenían que hacer objetos o dibujos.

El resultado del test indicó que los estudiantes Waldorf eran más creativos que sus compañeros de colegios estatales. Esto es el resultado del conjunto de muchos factores que conforman la pedagogía Waldorf: el acompañar el desarrollo de cada niño y el esperar al momento de madurez apropiado para introducir tareas más intelectuales, así como el uso del arte como medio de enseñanza son algunos de los aspectos más influyentes.

Un ejemplo de la prueba de completar la imagen podría ser este:

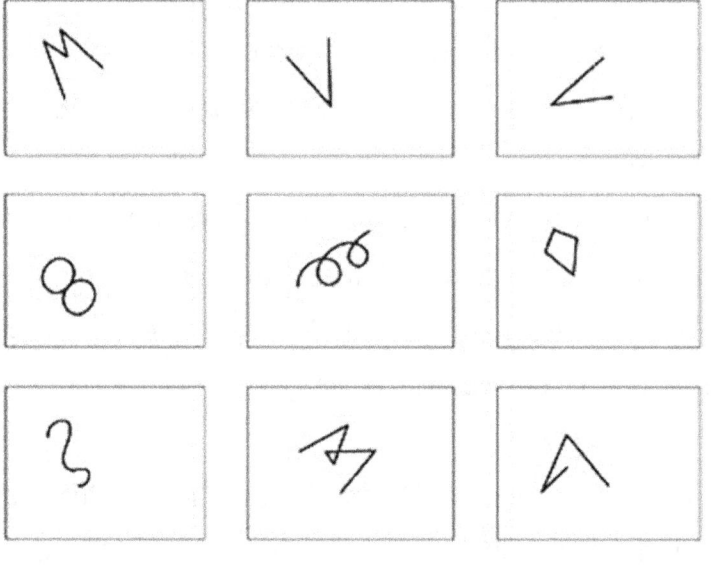

Ejercicios prácticos

1. Cometa de amistad (primaria)

Reflexionar sobre lo que valoramos más en nuestros amigos puede mejorar nuestra actitud ante ellos.

-Objetivos

Identificar las características que apreciamos más en nuestros amigos, valorar la amistad y tener interés por mejorarla.

-Procedimiento.

-Trabajo individual:

Cada alumno construye una cometa con cartulina y una cinta blanca de aproximadamente un metro. En esta cinta los niños escriben las cualidades que creen que tienen sus buenos amigos.

-Puesta en común:

Una vez que todos los niños tienen ya preparada su cometa, se hace una puesta en común. Se nombran dos secretarios. El primero irá apuntando en la pizarra todas las cualidades o situaciones que hayan escrito sus compañeros en sus cometas, mientras que el segundo anotará en la cometa de la clase (con cartulina más grande y cinta más larga) todas las cualidades que sean diferentes.

Cuando se ha terminado la cometa colectiva se inicia un debate en el que los niños explican anécdotas relacionadas con la amistad explicando cómo se sintieron en esos momentos.

-Recursos

Cartulinas, reglas, cinta blanca, rotuladores, lápiz, pizarra.

-Tiempo

50 minutos.

-Observaciones

Esta actividad se puede aprovechar para fomentar las buenas relaciones entre los compañeros y

detectar algún conflicto en el caso de existir.

2. Autocontrol (secundaria)

Las emociones negativas que muchas veces nos aparecen afectan a nuestra forma de pensar y de comportarnos. Mediante esta actividad queremos mejorar la gestión de estas emociones negativas.

-Objetivos

Identificar estrategias que nos permitan controlar nuestros actos en situaciones en las que se manifiestan las emociones negativas (estrés, enfado, miedo, etc.).

-Procedimiento.

-Trabajo individual:

Se confeccionan unas tarjetas en las que aparezca la definición de las emociones negativas que se quieran trabajar, por ejemplo, miedo, estrés, ansiedad, ira, rabia o enfado. Para ello se consulta el diccionario.

Luego se responden unas preguntas que permiten orientar la actividad:

¿Cuándo y dónde has experimentado estas emociones?

¿Cómo respondiste ante cada una de ellas?

¿Qué puedes aprender de estas situaciones?

A continuación, el alumno enumera algunas de las estrategias que cree que son útiles para regular estas emociones.

-Trabajo en grupo:

Se divide la clase en grupos de 4 o 5 alumnos. Se nombra un secretario y un moderador en cada grupo. El secretario apunta todas las ideas que van surgiendo que luego expondrá al resto de la clase, mientras que el moderador organiza las discusiones en el grupo (cada alumno aporta las ideas escritas en su documento individual anterior), haciendo respetar los turnos en las intervenciones y agilizando el debate. Entre todos los componentes del grupo se escribe un documento sobre lo analizado.

-Trabajo con toda la clase:

Se abre un debate en el que intervienen todos los grupos sobre lo difícil que resulta a veces controlarse en situaciones de conflicto y las estrategias adecuadas que se pueden utilizar.

-Recursos

Cartulina, diccionario, papel y lápiz.

-Tiempo

60 minutos.

-Observaciones

Es conveniente que se realice primero el trabajo individual para luego analizarlo con el grupo. Al final de la sesión se pregunta a los alumnos qué opinan sobre la actividad realizada y si creen que puede ser útil para ponerla en práctica.

3. El dilema del prisionero (bachillerato)

Tomar una decisión es algo complicado cuando solo existen dos opciones para elegir, cuando hay que ponderar los intereses personales y los de los demás o cuando intervienen valores éticos.

-Objetivos

Demostrar que, a la hora de buscar soluciones a conflictos sociales, la cooperación puede beneficiar tanto al interés colectivo como al propio.

-Procedimiento

Se propone a toda la clase la lectura y análisis individual del texto seleccionado sobre el dilema del prisionero durante 20 minutos aproximadamente.

A continuación, se forman grupos de 4 alumnos y se realiza un análisis colectivo que no exceda los 30 minutos.

Se nombra un secretario en cada grupo que se encargará de anotar las conclusiones alcanzadas.

En otra sesión se analizan las soluciones y se debaten algunos de los comentarios de las observaciones.

-Recursos

-Texto:

"Dilema del prisionero"

"Usted y otro prisionero languidecen en celdas separadas del cuartel de policía de Ruritania. La policía intenta que ambos confiesen haber conspirado contra el Estado. Un interrogador entra en su celda, le sirve un vaso de tinto ruritano, le ofrece un cigarrillo y, con tono fingidamente amistoso, le ofrece un trato.

-¡Confiesa tu crimen! -dice-. Y si tu amigo de la otra celda...

Usted protesta diciendo que jamás ha visto al prisionero de la otra celda, pero el interrogador descarta someramente su objeción y prosigue:

-Pues mucho mejor si no es amigo tuyo, ya que, si tú confiesas y él no, utilizaremos tu confesión para tenerlo diez años en la sombra. Tu recompensa consistirá en quedar libre. Pero, si eres tan estúpido como para negarte a confesar, y el de la otra celda confiesa, serás tú el que pase diez años en la cárcel, y él será liberado.

Usted reflexiona un rato y se da cuenta de que carece de suficiente información para decidir, de modo que pregunta:

-¿Qué sucede si confesamos los dos?

-Entonces, como no necesitamos tu confesión, no quedarás libre. Pero considerando el asunto a la luz de que ambos intentabais colaborar, os caerán sólo ocho años a cada uno.

-¿Y si ninguno de los dos confiesa?

El interrogador frunce el ceño y usted teme que esté a punto de golpearle. Sin embargo, se controla y masculla que, puesto que carecerán de pruebas para condenarles, no podrán retenerles por mucho tiempo. Pero añade:

-Nosotros no nos rendimos fácilmente. Todavía podemos teneros aquí otros seis meses, interrogándoos, antes de que esos capullos de Amnistía Internacional puedan presionar lo suficiente a nuestro gobierno para haceros salir de aquí.

Así que piénsatelo: confiese o no tu cómplice, tú saldrás mejor parado confesando que no haciéndolo. Y ahora mismo mi colega le está diciendo lo mismo al otro tipo.

Usted piensa en las palabras del interrogador y se da cuenta de que tiene razón. Haga lo que haga el desconocido de la otra celda, usted saldrá mejor parado si confiesa. Pues si él confiesa, sus opciones son de confesar también y recibir ocho años de cárcel, o no confesar y pasar diez años en chirona. Por otra parte, si el otro prisionero no confiesa, sus opciones son confesar y quedar libre, o no confesar y pasar otros seis meses en la celda. Así pues, al parecer debería usted confesar. Pero entonces otro pensamiento cruza su mente. El otro prisionero está exactamente en la misma situación que usted. Si es racional que usted confiese, también es racional que él lo haga. De manera que ambos terminarán con ocho años de cárcel. Mientras que, si ninguno de los confiesa, ambos serán liberados en seis meses.

¿Cómo es posible que la elección que parece racional para ambos, individualmente -es decir, confesar-, les deje en una situación peor de la que sufrirán si ambos deciden no confesar? ¿Qué debería hacer usted?"

-Tiempo

Dos sesiones de unos 50 minutos.

-Observaciones

Hay que asumir que el dilema del prisionero no tiene solución porque cuando uno escoge individualmente lo que más le conviene puede darse que el otro elija de la misma forma y ambos terminen en una situación peor que la que se hubiera dado si hubieran pensado en el interés colectivo.

Hay que explicar a los alumnos que este tipo de situaciones puede asemejarse a lo que ocurre en la vida cotidiana. Cuando uno queda atrapado en un atasco de tráfico, se hubiera producido un beneficio colectivo en caso de utilización del transporte público.

Los programas de ordenador revelan que en juegos que simulan situaciones parecidas a la del dilema del prisionero lo mejor es cooperar al principio y luego hacer lo que el otro jugador hizo en el movimiento anterior.

También habría que explicar a los alumnos cómo a lo largo de la historia evolutiva del ser humano ha sido la cooperación la que nos ha permitido cooperar.

Miguel D'Addario · PhD

Actividades creativas

Pensamiento creativo

1. Piensa en una tarea rutinaria que realices normalmente y plantea una forma alternativa de realizarla.

2. Une los cinco puntos de la figura mediante ocho líneas rectas sin levantar el lápiz del papel. Intenta ofrecer distintas soluciones.

3. Indica una cosa que sea imposible y luego explica cómo harías para hacerla posible.

4. Dar diferentes usos a una pelota de golf.

5. ¿Cómo titularías este cuadro?
(Se propuso a alumnos de ciencias que no lo conocían. A pesar de todo algunos se acercaron mucho al título real).

6. Forma un triángulo que mire hacia abajo moviendo solo 3 monedas.

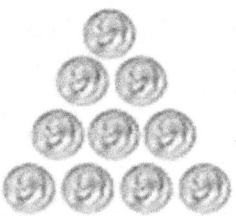

Después de realizar las actividades elegidas, es interesante una puesta en común que permita a los alumnos analizar y discutir diferentes soluciones aportadas.

Actividades en el aula

El juego de las palabras

El profesor escribe en la pizarra unas palabras clave sobre el tema que se va a trabajar. Cada miembro de un grupo ha de escribir una frase con una de las palabras o expresar a qué hace referencia. A continuación, cada alumno muestra lo que ha escrito al resto de compañeros analizándolo entre todos. Cuando se ha repetido el procedimiento para todos los miembros del grupo se realiza un mapa conceptual o esquema que resuma lo analizado.

El profesor transmite los objetivos de aprendizaje y los criterios de éxito para alcanzarlos de forma clara. La motivación inicial requiere despertar la curiosidad a través de la novedad planteando, por ejemplo, un problema o una pregunta al modo socrático clásico.

Parada de tres minutos

Al introducir la unidad didáctica, el profesor interrumpe la explicación dejando el intervalo de tiempo necesario (los tres minutos es una referencia) para que cada grupo reflexione sobre lo planteado y proponga dos o tres preguntas o curiosidades. Los representantes de cada grupo irán formulando una pregunta cada vez de forma sucesiva.

En el transcurso de la unidad el profesor obtiene información sobre cómo aprende el alumno.

Observa el tipo de trabajo en grupo, pregunta cuando es necesario y ayuda en la realización de la tarea promoviendo la reflexión. Se asume que el error forma parte del proceso de aprendizaje y se suministra el feedback adecuado que promueve la autorregulación del alumno.

Estructura 1-2-4

El profesor plantea un problema y dentro de cada equipo, al principio, cada alumno reflexiona de forma individual anotando su respuesta. Luego se produce el intercambio con un compañero y analizan sus respuestas entre los dos. Finalmente, todo el equipo comparte las respuestas y analiza cuál de ellas es la más adecuada.

En la fase final es imprescindible que los alumnos reflexionen sobre el aprendizaje y su progreso. Eso se puede hacer resumiendo las ideas principales trabajadas durante la unidad. El profesor podrá evaluar así si se han cumplido los objetivos iniciales.

Lápices al centro

Asumiendo que los grupos de trabajo contienen 4 alumnos, el profesor proporciona 4 preguntas sobre la unidad trabajada, haciéndose cargo cada miembro del grupo de una de ellas. Cada alumno lee su pregunta y expone su respuesta y, a continuación, cada compañero expresa su opinión al respecto hasta que se decide cuál es la respuesta más adecuada (lápices al centro al principio porque es el momento de hablar y escuchar, mientras que al final es el momento de escribir).

Ejercicios para activar la memoria

Memoriza los detalles

Observa el dibujo 30 segundos y memoriza la máxima cantidad de detalles.

Te será más fácil si los mencionas en voz alta ("un avión que va hacia la derecha").

Pasado este tiempo, pasa a la última imagen de esta galería.

¿Son correctas estas series?

Empezar para comprobar después cuánto has tardado.

35	30	25	20	15	10
64	66	68	70	72	76
6	7	9	12	16	24

Operaciones aritméticas

Averigua si los resultados de las operaciones que te proponemos a continuación son correctos o no.

$12 \times 2 = 24$ ☐ Sí ☐ No

$86 - 81 = 6$ ☐ Sí ☐ No

$3 \times 0 = 3$ ☐ Sí ☐ No

$47 - 6 = 41$ ☐ Sí ☐ No

$36 + 6 = 52$ ☐ Sí ☐ No

Respuesta contraria

$12 + 2 = 24$ ☐ Sí ☐ No

Diferencias

Intenta hallar las 10 diferencias. Si pasados 10 minutos no encuentras todas, vuelve a hacerlo: irás ganando rapidez mental.

Tips para mejorar la memoria y la agilidad mental

Olfato

Puedes activar tu memoria relacionando un olor con una tarea específica. Por ejemplo, para memorizar un número telefónico, utiliza cierto olor cada vez que lo marques. Puedes utilizar hierbas aromáticas como la menta. Para estudiar para una evaluación, puedes masticar goma de mascar o utilizar labial de fuerte olor y utilizarlo durante la evaluación para recordar mejor lo estudiado.

Recuerda que, al contrario de otros sentidos, la nariz alcanza la memoria directamente en vez de pasar por otras partes del cerebro. Por eso está considerada como una herramienta para memorizar de extrema efectividad.

En general, mientras más puedas reconstruir el contexto en el que se guardó el recuerdo, mejor recordarás. Esto se conoce como memoria dependiente del contexto. Si tienes en cuenta este factor, tus técnicas de memorización serán más efectivas. Aparte del olor, involucra mentalmente tantos sentidos como sea posible. Relaciona la información con colores, texturas, olores y sabores. Cuando reescribes la información para memorizarla, permites que ésta sea grabada eficientemente en tu cerebro. En nuestro sitio te enseñamos a realizar mejores asociaciones mentales.

Realiza repasos diarios

Según el sitio Forbes, estos ejercicios para ejercitar la memoria pueden ser realizados durante un período de 4 semanas para experimentar una mejora de la memoria a corto y largo plazo.

Cuando estés preparado/a para dormir, repasa todo lo que hiciste en el día desde el momento en que te levantaste. Intenta recordar con el máximo detalle posible, visualizando en tu mente cada paso desde el inicio hasta el fin.

Con la práctica, será mejor la forma en que recuerdes detalles y eventos durante el día.

Para un mayor grado de dificultad, recuerda los eventos desde el final hasta el comienzo.

Beneficios: mejora tu memoria, tu habilidad de visualizar, concentración y poder de observación. Estarás más en el momento, porque sabrás que deberás recordar lo que suceda a tu alrededor al final del día, entonces atenderás más a los detalles.

Crea mapas mentales

Al regresar a tu hogar, luego que hayas visitado un nuevo lugar, intenta dibujar un mapa del área que recorriste. Repítelo cada vez que visites un nuevo sitio. Estos ejercicios mentales que puedes involucrar en tu día a día, te permitirán mejorar tu memoria y tu capacidad cerebral; así como desarrollar tu inteligencia espacial.

Reduce el estrés y la ansiedad

El estrés es tóxico para la memoria, los químicos en tu cuerpo producidos durante el estrés interfieren directamente con el proceso de la transferencia de información desde la memoria a corto plazo a la memoria a largo plazo.

A medida que pasa el tiempo, el estrés crónico destruye las células cerebrales y afecta negativamente el hipocampo, la región del cerebro involucrada con la formación de nuevas memorias y de la extracción de recuerdos antiguos.

Establece objetivos realistas

Tómate algunas pausas de tu trabajo durante el día.

Expresa tus sentimientos en vez de guardarlos.

Enfócate en una tarea a la vez.

La meditación reduce tu estrés y mejora tu memoria: la evidencia científica sigue demostrando los beneficios mentales de la meditación.

Los estudios demuestran cómo la meditación mejora diferentes condiciones como la depresión, la ansiedad, el dolor crónico, diabetes, y la hipertensión.

La meditación también mejora la concentración, creatividad y la capacidad de aprendizaje y de razonamiento.

Escáneres cerebrales han demostrado que las personas que meditan constantemente tienen más actividad en la corteza prefrontal izquierda, un área del cerebro asociada con los sentimientos de alegría, un factor a considerar para superar el estrés.

Estos ejercicios mentales aumentan además el grosor de la corteza cerebral y fomentan más conexiones entre las células del cerebro, todo esto mejora la salud mental.

Tacto

Debido a que nuestros cerebros regularmente dependen de información visual para distinguir entre objetos, utilizar el tacto para identificar diferencias sutiles incrementa la activación de áreas cerebrales que procesan información del sentido del tacto, aumentando la fuerza de las sinapsis del cerebro.

Los adultos que han perdido el sentido de la vista aprenden a distinguir letras en Braille debido a que sus cerebros desarrollan más vías para procesar el sentido del tacto.

Un ejercicio mental rápido para utilizar el sentido del tacto: coloca una taza con monedas en tu vehículo; cuando las necesites, intenta determinar la denominación únicamente con el tacto.

Repite este ejercicio en tu día a día llevando monedas contigo.

Practica ejercicios de memorización visual y espacial.

Técnicas de memorización del espacio visual.

Vivimos en un mundo tridimensional en el que es necesario analizar información visual. Para ejercitar esta función cognitiva, intenta caminar a una habitación y elegir 5 objetos y sus ubicaciones.

Al salir de la habitación, intenta recordar los objetos y sus ubicaciones.

Espera dos horas e inténtalo de nuevo.

También puedes mirar hacia adelante y observar todo lo que se encuentre en frente de ti y en tu visión periférica. Desafíate a recordar todo y escribirlo para forzar que utilices tu memoria y entrenar tu cerebro para enfocarse en tus alrededores. Estos ejercicios de inteligencia desarrollan tu memoria visual y espacial.

Duerme mejor

Existe una gran diferencia entre la cantidad de sueño que puedes tener y la cantidad que necesitas para funcionar de la mejor forma posible. La realidad es que el 95% de los adultos necesitan entre 7.5 y 9 horas de sueño todas las noches. Incluso reducir algunas horas puede afectar la memoria, la creatividad y las habilidades cognitivas para resolver problemas.

Dormir bien es crítico para el aprendizaje y la memoria. Las investigaciones han demostrado que el sueño es necesario para formar memorias, dándose la actividad relacionada al incremento de la memoria durante las etapas más profundas del sueño. Dormir mejor es un excelente ejercicio mental para la memoria, intenta estos tips:

Mantén un horario regular para dormir. Ve a la cama al mismo tiempo todas las noches y levántate al mismo tiempo todas las mañanas. Intenta no romper la rutina durante los fines de semana y en los días festivos.

Evita todas las pantallas por al menos una hora antes de dormir. La luz emitida por los televisores, tablets, celulares y computadoras activa el desvelo y suprime hormonas como la melatonina que te hacen sentir sueño.

Reduce la cafeína. Intenta reducir tu consumo de cafeína o evítala en su totalidad si sospechas que está afectando tus patrones de sueño.

Utiliza tu mano no dominante

Utiliza tu mano no dominante para realizar actividades del día a día como cepillar tus dientes.

Investigaciones han demostrado que utilizar el lado opuesto de tu cerebro, como en este ejercicio, puede resultar en una expansión rápida y sustancial de partes de la corteza cerebral encargada de procesar información del tacto de la mano, lo que te permite incrementar tu salud mental.

Consume alimentos para mejorar la memoria
Recuerda involucrarlos en tu alimentación para que nuestros ejercicios mentales sean más efectivos.
Alimentos para mejorar la memoria.
Consume omega 3 – Las investigaciones demuestran cómo los ácidos grasos de omega 3 son beneficios para la salud del cerebro. El pescado como el salmón, es una fuente importante de omega 3. Considera otras fuentes de omega 3 si no eres fanático de la comida del mar, como: nueces, hígado, espinaca, y brócoli.
Limita las calorías y la grasa saturada. Las investigaciones demuestran que las dietas altas en grasas saturadas aumentan tu riesgo de demencia y afectan negativamente tu concentración y memoria.
Consume más frutas y vegetales. Contienen antioxidantes, sustancias que protegen a tus células cerebrales. Toma té verde, contiene polifenol, antioxidantes poderosos que te protegen de los

radicales libres que pueden dañar las células del cerebro.

Toma vino tinto con moderación, contiene resveratrol, un flavonoide que incrementa la circulación sanguínea al cerebro y reduce el riesgo de la enfermedad del Alzheimer.

El chocolate oscuro también posee flavonoides que pueden incrementar tu salud mental.

Cambia tu rutina

La atención es necesaria para la mayoría de las tareas diarias. Una buena atención te permite mantener la concentración a pesar de las distracciones y enfocarte en diferentes actividades al mismo tiempo. Para mejorar la atención puedes cambiar tu rutina. Cambia tu ruta al trabajo o reorganiza tu escritorio —ambos forzarán a tu cerebro a desvincularse de viejos hábitos y prestar atención de nuevo.

Mientras envejecemos, nuestro tiempo de atención disminuye, haciéndonos más susceptibles a las distracciones y menos eficientes al realizar múltiples tareas. Esta práctica incrementará tu atención y fomentará el desarrollo de tus habilidades del pensamiento.

Involucra tantos sentidos como sea posible: relaciona la información con colores, texturas, olores y sabores. Incluso si aprendes mejor de forma visual, lee en voz alta lo que quieres aprender. Si lo puedes recitar de forma rítmica, aún mejor.

Relaciona la información con aquello que ya conoces. Utiliza sistemas mnemotécnicos para que la memorización sea más fácil, un ejemplo es el Sistema Dominic. También puedes realizar mapas conceptuales y mapas mentales.

Para memorizar información más compleja, enfócate en entender las ideas más básicas. Practica explicando las ideas a otra persona con tus propias palabras.

Glosario

-Atención: aplicación voluntaria de la actividad mental o de los sentidos a un determinado estímulo u objeto mental o sensible.

-Atención selectiva: capacidad de mantener una conducta en presencia de estímulos distractores.

-Aprendizaje: proceso de adquisición del conocimiento a través del estudio, el ejercicio o la experiencia.

-Atención alternante: flexibilidad mental para cambiar el foco de atención a otras tareas que nos demandan diferentes requisitos cognitivos, pudiendo alternar entre una tarea y otra.

-Atención dividida: capacidad para responder simultáneamente a varias tareas o demandas de una misma tarea.

-Atención sostenida: capacidad para mantener una respuesta consistente durante una actividad continua en el tiempo.

-Circuito de recompensa: conjunto de mecanismos cerebrales que se relacionan con el placer y la anticipación de este.

-Cognición: capacidad del ser humano para conocer, a través de la percepción y del sistema cerebral y nervioso.

-Distrés: estrés negativo o estado de angustia en el cual se es incapaz de adaptarse o dar respuesta a factores que se consideran amenazantes.

-Estrés: estado de cansancio mental causado por la exigencia de un rendimiento superior al normal.

-Fisiología: parte de la biología que estudia los órganos de los seres vivos y su funcionamiento.

-Imagen por resonancia magnética funcional (fMRI): procedimiento clínico que permite mostrar en imágenes las regiones cerebrales que se activan cuando se realiza una tarea concreta.

-Lingüística: ciencia que estudia el lenguaje humano y las lenguas.

-Neurociencia: cada una de las ciencias que, desde diversos puntos de vista, estudian el sistema nervioso del ser humano.

-Neurociencia cognitiva: área académica que estudia de manera científica, los mecanismos biológicos subyacentes a la cognición, desde el enfoque específico en los sustratos neurales de los procesos mentales y de sus manifestaciones conductuales.

-Neuroeducación: área derivada de la neurociencia que estudia el desarrollo y funcionamiento del cerebro y el sistema nervioso, en relación con el proceso de enseñanza y aprendizaje.

-Neuroimagen: imagen del cerebro y las áreas activas del mismo, obtenida a través de diferentes procedimientos propios de la neurociencia.

-Neuromito: errores de interpretación de los hallazgos científicos, que se dan por válidos fuera de la comunidad científica a pesar de su rechazo por la misma.

-Neuropsicología del desarrollo: rama de la neuropsicología que estudia el funcionamiento del cerebro infantil, así como la relación existente entre el cerebro, la cognición y la conducta.

-Neuropsicología: rama de la psicología que estudia las relaciones entre las funciones superiores y las estructuras cerebrales.

-Neurotransmisor: molécula que permite la transmisión de información desde una neurona hacia otra, una célula muscular o una glándula, a través de la sinapsis que los separa.

-Ritmo circadiano: cambios fisiológicos o psicológicos que siguen un ciclo de 24 horas (aprox.) y que responden, principalmente, a la luz y la oscuridad en el ambiente.

-Ritmo ultradiano: actividades biológicas y fisiológicos que ocurren en ciclos de 20 horas o menos.

-Sinapsis: aproximación intercelular entre neuronas.

Bibliografía

-Arroyo, C. (2013). La neuroeducación demuestra que emoción y conocimiento van juntos. Entrevista a Francisco Mora.

-Bacigalupe, M. de los A. (2003). "Problemáticas de la enseñanza de las ciencias para la formación de expertos en educación en el ámbito de la base neurobiológica del aprendizaje". Congreso Latinoamericano de Educación Superior.

-Bayot Mestre, A., Rincón Igea del, B. & Hernández Pina, F (2002). "Orientación y atención a la diversidad: descripción de programas y acciones en algunos grupos emergentes". Revista Electrónica de Investigación y Evaluación Educativa, Vol. 8, Nº 1.

-Braidot, N. (2004). "Neurociencia aplicada a la toma de decisiones, aprendizaje y comportamiento". Personal Home Page Néstor P. Braidot. (2005). Neuromarketing. Neuroeconomia y Negocios. Buenos Aires: Biblioteca Braidot.

-Bruer, J. T. (1997). "Education and the Brain: A Bridge Too Far". Educational Researcher, Vol. 26, Nº.8, 4-16.

-Campos, A.L. (2010). "Neuroeducación: uniendo las neurociencias y la educación en la búsqueda del desarrollo humano".

-Castelló Tarrida, A. (2001). Inteligencias: una integración multidisciplinar. Barcelona: Masson

Gardner, H. (2003). La inteligencia reformulada. inteligencias múltiples en el siglo XXI. Barcelona: Paidós.

-D'Addario, Miguel. "Pedagogía Universitaria".

-D'Addario, Miguel. "Inteligencia Emotiva". KDP (2019)

-Goleman, D. (2010). Inteligencia Emocional. Barcelona: Editorial Kairós.

-Granados Martínez, A. (2000). "¿Tiene cabida la diversidad en la Universidad?". En V. Salmerón & V.L. López (coord.). Orientación Educativa en las Universidades. Granada: Grupo Editorial Universitario.

-Koreck, M.S. (2002). "Subjetividad y Neurociencia: perspectivas metodológicas actuales". UCES. Subjetividad y procesos cognitivos, 82-93.

-Lindstrom, M. (2009). Buyology. Londres: Random House Business Books.

-Martín, M. (2012). "La Neurociencia en la formación inicial de educadores: una experiencia innovadora".

Revista del Consejo Escolar del Estado; Vol. 1, 93-102.

-Mora Teruel, F. (2013). Neuroeducación: Solo se puede aprender aquello que se ama. Madrid: Alianza Editorial. (2013). Conferencia Neuroeducación: solo se puede aprender aquello que se ama. 11º. Curso sobre Actualidad Científica, Málaga.

-Mora Terual, F. (2014). "Neuroeducador: Una nueva carrera universitaria".

-Litman, J., Collins, R. y Spielberger, C. (2005). "The nature and measurement of sensory curiosity". Personality and Individual Differences, Vol.39, N.º 6, 1123-1133.

-Salmon, C. (2010). Storytelling: la máquina de fabrica historias y formatear las mentes, Barcelona: Ediciones Península.

-Sánchez, J. C. (2009). La rehabilitación neurocientífica de la empatía y sus implicaciones en los ámbitos de la comunicación.

-Sastre, S. (2011). Funcionamiento metacognitivo en niños/as con altas capacidades. Revista de neurología, Vol. 52. Supl. 1.

-Timoteo, J. (2007): "Neurocomunicación. Propuesta para una revisión de los fundamentos teóricos de la comunicación y sus aplicaciones industriales y sociales". Mediaciones sociales. Vol.1, 355–386.

-Vera, C. (2010): "Generación de impacto en la publicidad exterior a través del uso de principios del neuromarketing visual". Telos. Vol., 12, 155–174.

Educación

y

Neurociencia

Tratados, análisis, neuroaula y ejercicios

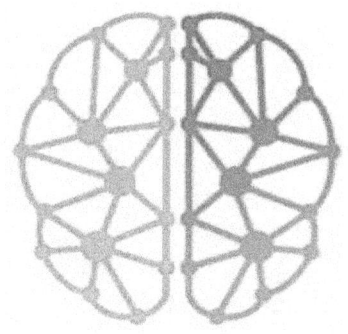

Miguel D'Addario · PhD

Educación y Neurociencia   *Miguel D'Addario · PhD*

Primera edición

Comunidad Europea

2019

www.ingramcontent.com/pod-product-compliance
Lightning Source LLC
Chambersburg PA
CBHW060845170526
45158CB00001B/242